Perfection Guide

完美事業經營聖典

完美女人在美容業找到一生的成就

完美主義經營團隊◎編著
范申樺◎主編

（上冊）

推薦序

一本打造創意經營的好書

A great book which managed in creation.

新力（Sony）創辦人井深大，是世界知名創造型企業家，他的一生是由一連串精采創新商品累積而來。從袖珍電晶體收音機、Brtamax錄放影機、隨身聽，再到迷你可錄式CD（MD），都是由他一手主導。他給予世人最大啟示是：「儘可能放手去做，做你認為真正創意的事。」

美容業絕對稱得上是具有創意的事業，不單純只是肌膚保養、美感常識，還涉及設計學、消費心理學、心靈學、企業管理等專業領域，這種從單一學科衍生至多元化知識的模式，基本上就已屬創意企業，遑論深入到身、心、靈三者合一的美靈天地，更必須具備十足創意。

坊間以「肌膚保養」為主要內容的美容出版品不在少數，但是以「經營美容事業」的專書卻屈指可數。我與完美主義美妍館的總經理趙瑞小姐是多年的好友，亦曾在她經營的公司教授激勵、人際關係、顧客滿意等課程。很高興看到「完美主義美妍館」能夠以無

私胸懷，將累積數年來的美容經營實務經驗，佐以國外美容專書內容，整編成這本極具閱讀價值的美容經營專書。

《完美事業經營聖典——完美女人在美容業找到一生的成就》一書，提供的不只是美容新世紀的新美容觀，還教導有心在美容業耕耘的可人兒，如何能在美容業找到一份完美事業的成就。這是一本既務實，又具創意的專書，值得您一讀再讀，成為經營好幫手。

國際企管名師　Tracy

追求完美，成就美麗

　　台灣經濟成長雖已呈現停滯甚至走下坡的趨勢，但是在服務業卻未見同等衰退現象。反之，更蓬勃發展。女性主義的高張，過往對於家庭極度付出的傳統女性，漸漸褪去包袱，迎向呵護自我展現魅力的新潮流，使得與女性相關之各種產業蓬勃發展，尤為女子美容業更是近年來發展最迅速的女性產業，而其中當然包含瘦身、美體、美胸等等女性專業服務內容。配合週休二日的推行，休閒、旅遊已漸成生活規劃重心；高齡化社會的發展，健康、養生已為不容忽視之焦點。「身心靈快樂平衡就是一種美」的精神，強調的是健康平衡、減壓放鬆、回歸自然、活力再生，代表著21世紀「美容休閒」未來趨勢。為此，完美主義美妍館努力創造迥然不同的休閒風、完美的服務品質以期達成獨特的美容休閒精神，為美容界的標竿。

　　本書不只讓讀者吸取到由完美主義累積多年的美容業經營心得，以開拓人生的新頁。並以淺顯的文字讓讀者認識「完美主義」成功經驗的點滴，深入淺出剖析建立良好專業素質的健康美容休閒事業，除了專業技術、精進的軟硬體設備外，更需要擁有優質的管理、創意的行銷等各要素。「完美主義」創造無數的完美女人，並

樂在其中，這就是永續經營的原動力。

　　認識完美主義主事者已有數十載，我亦伴著同樣的服務熱忱寧為美容界獻身。喜見完美主義美妍館遍布台灣，如今更將事業觸角延伸至中國市場。更令人雀躍的是主事者，願翔實呈現事業經營的完美結晶，這是美容界之幸！企盼與各位分享……

安婕妤美容事業　董事長

翁子婷

春燕啣來一本美容聖典

在千禧年的前夕，我在同業的鼓勵與支持下，接下了台北市女子美容商業同業公會的擔子，就一直期許美容業能邁向學術化、國際化。而學術化則必須有著作。著作也許是高難度的期待，但欣喜的是我們引頸期盼的春燕已經飛來了，這隻春燕就是《完美事業經營聖典──完美女人在美容事業找到一生的成就》一書的出版問世。

看過本書的初稿，令人讚歎不已。坊間有關經營管理的書可說是琳琅滿目，然專為美容所寫的經營智庫之書在此之前卻是付之闕如。本書的出版應算是首開美容界風氣之先，期待本書能帶來同業間的熱烈迴響。本書以學術的宏觀角度切入再論及經營管理實務，而特別在談及如何做一位優質的領導者，以及人性的管理以留住好人才等等，都相當契合二十一世紀新經濟時代的企業經營觀。

《完美事業經營聖典──完美女人在美容事業找到一生的成就》的出版問世，正給予有意從事美容業的人一道入門指引。而對現職的美容從業人員而言，也是一本非常有價值參考觀摩的實用聖典，畢竟他山之石可以攻錯。

台北市女子美容商業同業公會　理事長

加入美容界必讀好書

專注於美容界這非常女人的專業領域裡，我非常知道在《完美
事業經營聖典——完美女人在美容事業找到一生的成就》這本書出版
之前，在台灣確實是沒有一本教人家如何經營美容沙龍的Know-
How書，雖然市面有著一大蘿筐教人家如何保養、瘦身、豐胸變美
麗的書。誠如這本書的副標，它真的是「完美女人在美容事業找到
一生的成就」，堪稱是美容界空前之創舉。

在與完美主義經營團隊的接觸瞭解後，我們雜誌非常有自信可
以做好本書的出版行銷工作。而我們在雙方的溝通中，也深覺本書真
的是專為以下三種美容專業人士所規劃的。一是對目前事業生涯不滿
意，想突破現狀準備投入美容業的妳，此書可以讓妳習得美容專業職
能而成就完美人生。二是現職的美容從業人員，透過此書充實自我，
當作在職訓練的最佳聖典，有效精進妳的美容專業。三是想改變命運
現實，此書將可為妳進入美容專業領域，預先奠下成功的基礎。

而完美主義經營團隊，用十四年認真經營了近百家美容連鎖店
的成功經驗所編著而成的這本書，不論在談及開店、財務管理、市
場觀測、服務品質、領導、店務人事、行銷廣告等等各方面，都有
非常獨到專業的見解，將足以引領妳以新世紀新美容觀，成就最完
美的美容事業人生。

世界專業美容雜誌社　社長　張幸子

美麗的散播者、學習、擁有、熱愛、奉獻

技術的卓越在於專業知識，再加上智慧與不斷的練習以實踐理論。「美容」是一個在技術或理論上，都需要相當專業才會成功的一個行業。簡言之，美容是一個專業行業，成功絕不是偶然。而美容的專業技術更不是一年半載可及的。

知道《完美事業經營聖典──完美女人在美容事業找到一生的成就》這本書要出版時我就相當的支持。因為我已見識過「完美主義美妍館」整個公司的體系，從營業部、企劃行銷、教學組織等等，這本書個人覺得是非常值得美容界與教育界觀摩與啓迪的一本絕妙好書。

「美」是一種智慧的開啓，也是一種生活的藝術，更是醫學美容的一大學問。不論你生活在那個國度那個階層，能在生活中保持身心的平衡，讓感性與理智和諧共處、讓IQ適切展現人生真善美，將不再是海市蜃樓，而是垂手可得矣！

而如何規劃自己的人生，以習得一技之長地認真工作、認真生活、認真做一個內外兼修的人。美容這行業，是值得自許認真的女人投入的一生志業。期望此書能帶給有心進入美容業的人，一份美的經營理念與優質技術的傳承，也給從事美的事業經營者及教育學術界一個絕佳的觀摩機會。盼望各界能惠予採用！「自信的人，擁有世界。美夢要想，才會成真」。

苗栗縣大成高級中學　美容科

知識分享，持續創新──序「完美是個好主意」

知識經濟時代來臨，「知識」成為事業經營的關鍵元素，也是利潤增長的重要資源，誰擁有該行業的核心知識與訣竅（Know-How），誰即具有競爭優勢：資訊科技業如此，銀行保險業如此，傳統美容服務業亦復如此。

知識必須有系統地加以整理、儲存、轉移與創新應用，才能在「衡外情、量己力」之下，擬訂有效的營運策略與持續行動方案，建構出成功的獲利模式，這整個過程稱為「知識學習」。所謂的知識學習包含了下列主要活動：

第一階段：由外顯到明白（教學→培訓指引）
第二階段：由明白到領悟（培訓→教練實作）
第三階段：由領悟到默會（教練→系統內化）
第四階段：由默會到外顯（系統→改善突破）

上述四大階段，環環相扣，生生不息，終可修鍊出萬金難買的核心競爭優勢。個人從事管理顧問十餘年，也在大學EMBA課程中擔任教席，事實上也就是在知識的叢林中，披荊斬棘以啓山林，冀盼協助國內業者體質強化，經營轉型與升級。

　　欣見「完美主義」諸管理者願意將十數年苦修精鍊的經營秘笈，公諸於世，不僅令人敬佩其無私的奉獻，而且也為國內外美容業界感到慶幸，終於有一套可資參考的葵花寶典，可以在事業經營過程中減少沒必要的摸索、誤區與岐途。

　　站在知識分享與創新的觀點，樂見此本書成功出版，期能人手一冊，洛陽紙貴。是為序。

大學教授，知名管理顧問專家

CONTENT

導讀

A我愛美容

　　身心靈美化，引領妳進入美容新世紀！21世紀，人們要的不只是純物質的滿足，更要帶入心靈的啓發。未來美容產業將從單純的身體、臉部美化服務刻版印象飛躍提升，躍進身心靈美化的完全美麗天地。

B顧客滿意百分百

　　美容服務業的產品兼具有形與無形，從硬體的設備到軟體的企業文化，都是產品的層面，顧客買的不再只是「某件商品」，還包括「滿意」。顧客滿意度的提高，意味著顧客再次來店消費的可能性提高。而口碑相傳的人際傳播力量更帶來了呼朋引伴消費的契機。

C使業績倍增技巧

　　美容店的業績要好，不只是開門等著客人來而已。如何透過營業管理的許多技巧，喚回更多的顧客，創造更多的顧客需求，讓您的美容店整體業績一直不斷往上飆升！如何讓一通通的來電諮詢都

成為實際顧客，需要有好方法。要想帶好一家店的業績，妳絕不可不知的業績倍增秘訣。

D 廣告操控顧客心

　　廣告是煽動人心的利器！廣告教父大衛‧奧格威David Ogilvy最為肯定「廣告可以促進銷售」的價值。在行銷傳播組合裡，廣告係屬推廣組合(Promotion Mix)中的一環；近幾年因全球商業發展趨勢及廠商與媒體互動所激盪出的傳播火花，讓廣告的在商業活動中的重要性逐年拉高，甚至有凌駕生產、流通各行銷層面之趨。

E 人性管理在美容

　　經營一家美容店，我們必須任用積極進取、有潛力、向心力強的優秀美容服務人才，並為屬下提供一個適才適所的良好工作環境，以創造勞資雙方和諧雙贏結果。

F 管好財務才會成功

　　經營美容店會不會成功，除了專業的技術與服務外，最重要的是要有非常建全的財務管理。好的財務管理及分析不但令您美容店利潤豐碩，更可為妳的美容店迎向永續經營之路。

15

A

我愛美容
I Love Beautiful Work

身心靈美化，引領妳進入美容新世紀！

21 世紀，人們要的不只是純物質的滿足，更要帶入心靈的啟發。

未來美容產業將從單純的身體、臉部美化服務刻版印象飛躍提升，

躍進身心靈美化的完全美麗天地。

A-1　聰明開店創業

Setting Up A Shop Smartly

在現實生活中想創業又不想花心血，尤其不想把精力花在開業準備上的人比比皆是，只會簡單模仿別人，快速地開一家店，天真地以為這麼做既省時又省力。

看到別人經營餐飲業，店面小不隆咚，可是卻有大排長龍的客戶、一幅門庭若市、錢景看好的景象，就跟著投資起餐飲業；不一會兒看到美容市場的前景看好，又想投資開立美容院；這樣反反覆覆、盲目的創業，賺得到錢嗎？這樣像無頭蒼蠅一樣亂飛亂轉，既沒計畫又不專業，當然不可能做得成，錢也當然不會進到口袋，當然就做一樣，賠一樣囉！到頭來，什麼都沒了，只是折騰自己罷了。

創業要想賺錢，一定要先評估這個行業的發展性，若是您覺得這個行業的前景與錢景都相當不錯，選定了就別放過；全心全力地投入下功夫，做好經營計畫，織好您縝密的淘金網，錢自然就入袋。

　　瞭解市場的趨勢後，您更要好好思考您的店規模和經營方式，甚至於未來所要呈現出來的形勢，同時還要做好心理上的準備，事業勢必會占去您大半的時間，您最好能提前妥善的規劃。

　　創業最常見的難題就是人手的問題。如果您想校長兼校工，完全沒有人才輔助的話，你會經營得很辛苦。上個洗手間、吃頓飯、逛個街、休個假，都成了您事業的絆腳石，您想都不能想，通常這種一人店的壽命多半都很短。試想有哪一個人的身心可以忍受長時間的煎熬，當需要一個長假，或是臨時有事要處理時，那不就關門大吉了嗎。也許您會想在開店之初便設定公休日，但這種預想的制度往往還是不敵種種外在因素而瓦解。難道顧客真的會乖乖地配合您的規定嗎？這些都是在創業之前，妳就該顧前思後的問題。

　　「既然開店一定需要人手，那不如找自己的親朋好友幫忙吧！或是他（她）也有興趣、有資金來合夥，那就再好也不過了，反正肥水不落外人田，有錢大家賺嘛！」相信有不少人會抱持這種想法，但是別忘了，親朋好友因合夥生意反目成仇、形同陌路的例子多如牛毛。千萬別以為不會發生在您身上，凡是臨時起意組成的創業股東，大多只求開店，不想細節、不計後果、職務範圍、資金及持股比例都還沒談清楚的情況，就先傷了和氣。如此

一來開店前的「好說好商量」，就成了開店後的「免談」、「我不想聽你說」⋯⋯種種的意見分歧，日積月累，到最後就只有關門大吉一途了。

合夥經營不是行不通，俗話說：「道不同不相為謀」。您的親朋好友必有和您相似之處，再者三個臭皮匠勝過一個諸葛亮，凡事也有人同您商量共議。但是合夥經營的成功之鑰，在於是否能把合作的制度建立得很完善，是否長有所用？是否權責劃分的清楚？營利要如何公平的分配？虧損了又該如何？先把遊戲規則訂下來，讓每個人都無異議的遵守，這樣才能長長久久地維持店家的運作。

建議妳，聰明的開店創業，應該是聘僱專業人員來為您分憂解勞，如此一來您才有時間休息、充電，才有時間好好想想未來經營的走向屬於老闆該做的大謀略。切記！屬於這時代的成功者，將是懂得「尊重專業分工」領導者的天下。

A-2 新美學主張 美容變變變

The Beauty Is Changing Which New Propositions Was Developed.

　　想瞭解美容市場的變化，首先應知道美容業的市場在哪及美容業的社會價值在哪！隨著2000年的政經變化，各行各業遭受到程度不一的衝擊，尤其在經濟成長方面受到最大的影響，然而對健康層面的追求，不但沒有減少，反而增加！

　　就傳統的美容中心來說，一般的課程早已不能滿足市場多變的需求，取而代之的是「全方位身心靈美化」。由此而興起的「完美五美學主張」，其中包涵了知性的體重管理美學、理性的健康管理美學、靈性的舒壓美容管理美學、感性的生活管理美學以及柔性的居家管理美學。其內容不但涵蓋了體表管理的專業服務、高科技儀器的使用、正確美容觀念的建立，及DIY產品的普及……等各個層面。

　　女性意識抬頭後，使得女性在追求身體的美麗之餘，更渴求心靈的提昇，也就是希望可以達到一種身心靈平衡的狀態。這樣的市場需求走向，使得更精緻更完美的休憩空間和超優質服務誕

生了！不但滿足了消費者多方面的需求，更爲美容業者的轉型經營提供了一個標準的典範。

如何才能把社會價值發揮到極致？您覺得是該「單打獨鬥」還是「攜手合作」？連鎖加盟早已成爲21世紀行業經營的最高指導原則，您還將自己困在狹小的框框裡，無法跳脫出來嗎？

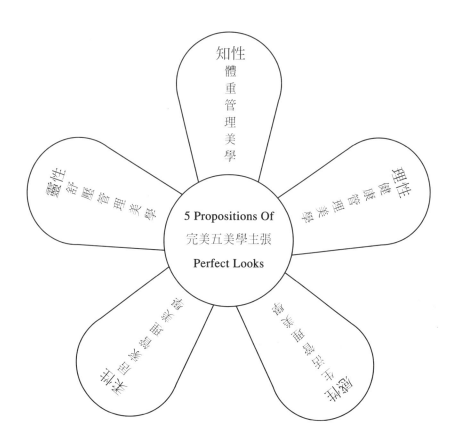

A-3 開美美的店，妳準備好了嗎？

Opening A Pretty Store, Are You Ready?

經營一家美容店其實很容易！

　　想成爲美容店老闆或是經營者，除了必須具備專業美容的知識、護理技巧與經營能力外，還要有美容實際工作經驗，以及與顧客間的良好互動關係。

基本上，您必須學習如何做一個生意人，除了教導員工成為一個頂尖的專業美容師、與顧客建立良好的關係，讓顧客習慣我們的服務，進而成為我們的常客外，還要隨時吸收新的資訊，開發新的護理技巧及商品，才能邁向成功的大道。

設立一間美容店，固然可以帶來可觀的收入，相對的，建立自己的事業需要承擔重大責任，您所採取的每個步驟都需先經過深思熟慮，而且更要具有相關的知識，諸如：商業原則、會計、法律、保險、行銷以及顧客心理學等；這些對於一位渴望成為美容業經營者而言，都是非常重要的。

基本上，成功的經營要素有三：即成本、銷售和利潤。事先籌劃開店階段的各項工作，並使自己工作更有效率、有條理，以能達到事半功倍，如期開業。開業後，除了完善的計畫外，更要能確切的執行，才能成為成功的經營者。

進入美容天地的準備工作

美容店，是一個結合技術、儀器、商品的服務性產業，專業度頗高而不容易被取代，是一個適合長久經營的行業。當你在決定涉入這美麗天地之前，建議您應該充分做好下列的準備：

9

資金籌備

先統計開店創業所需的開銷，再統計可籌得的資金多寡。資金的籌備可以向父母親與親朋好友匯集資金並分配好各自持有的股份，或向親友借貸以獨資型態來經營，當然也可以向銀行申請創業貸款來美夢成眞。

學習相關知識

您必須學會經營所需之訣竅、技能知識及資格，您可以參照同行經營成功經驗營運方式、企業管理，再結合自己的創新理念以增加創業成功的機率。當然除此之外，您少不了基本的利器—美容相關執照。

決定公司的類型

依可用資金來決定，是小本經營的「獨資」美容店，或以有限公司或股份有限公司的公司法人組織方式來經營。

銀行財務往來

開立屬於公司的獨立帳戶，設立支票。如此一來，收入與支出就會一目了然，也才可避免帳目不清的疑慮。

店面該開在那裡

千萬不要忽略地點對一家美容店成功與否是非常重要的關鍵點。從美容店所在該地區的人口數、交通便利性、停車是否便利、地段是否適宜等相關的考量，如此才會相對提高開店獲利的可能性。

帶給顧客美美之前，先該有間美美的店

美的服務少不了美的裝潢和擺設。您可以選擇您想要的家具、櫥窗、地板等室內裝潢，或是招牌等室外裝潢。但是，為了達成高效益低成本的目標，美容店的隔局與擺設應經過周詳的設計，最好能符合以下條件：

（1）最高的營運效率。

（2）適當的走道空間及區域位置的配置要符合。

（3）需備有電話、咖啡、飲料、雜誌及悅耳的音樂。

（4）儀器設備的擺置要有足夠的空間操作。

（5）裝潢及設備應力求實用、經濟、耐用及美觀。

（6）營業場所需具衛生機構和消防法規的許可認證。

設備及器材

先將你預計選擇的美容儀器設備和相關器材列表規劃，再比較它們之間價格的差異性，當然還需考慮安裝、節省人力的層面，以達開源節流、節省成本的支出。

廣告擄獲顧客的心

廣告所費不貲，但好的廣告將能夠創造無可限量的業績魅力。因此，善用廣告企劃、創意與媒體魔幻力量，將是成功的踏腳石。

法律權益

從初期的店面租賃契約、各項進貨買賣、賠償等相關的法律問題，都是應該謹慎處理的一環。

財務管理

擁有完善的財務系統是相當重要的一個環節。首先必須設立一個相當有條理的財務系統，其內包括一切的記錄。例如：預約記錄、收入與開支現金帳的記錄、盈虧、盤存……。如果本身非財務會計商學背景出身，應該聘僱一位具有合格執照的會計師，爲你的美容店處理有關財稅方面的問題。

營業管理

　　美容店的營業管理事涉諸多領域，舉凡如爭取顧客、招呼顧客、服務項目及產品的定價、調解顧客的抱怨及控訴、美容教育訓練等，都需要用心去經營。

行政管理

　　一家美容店營業所需的人事、庶務及辦公用品、文具、存貨盤點等都屬於行政管理的範圍。

保險的重要性

　　意外，人人都不想去遇到。但保險卻可以在你的美容店萬一遭遇不幸時，將損失降到最低。像保障您店面及相關營業器材的火險、竊盜險自然是少不得，而傷害險更是保障顧客與員工不可或缺的保障。

盈虧計算

　　試著計算可以達到損益兩平的營業目標額，千萬別忘了將所有的預收（付）款項和應收（付）款項及分期付款款項納入計算。

做個守法的好老闆

要瞭解並遵守勞基法的相關規定，例如員工的最低工資、工作時間等相關規定。

商業道德

要深入瞭解美容行業的特性。行銷競爭應該各憑本事，千萬別因利欲薰心而盜取同業的營業機密或惡意抄襲仿冒他人，而成為美容業的公敵。

漂亮的店面空間陳設，是以販賣美麗夢想為本質的美容店不可或缺的。

A-4　創造屬於妳的店

Creating A Beauty Salon On Your Own

沒有創新就沒有未來

　　隨著國民所得的日漸提高，消費者在消費時，除了重視商品的品質外，還會注重店面的衛生條件及裝潢設備、服務品質。開店經驗老到的老闆們，都知道消費者是喜新厭舊的。因此，開一家屬於自己的店，我們必需要認清一個事實：「市場是活的，店是死的。當我們沒有隨著趨勢潮流一起成長，顧客會很快地流失！」而你又願意在時代變遷的洪流下被淘汰嗎？答案當然是否定的！但我們又該如何因應時代的變遷？

　　創新！唯有創新你才會有未來。想要「創新」，往往需要更多資金的投注，這是令老闆憂心不已的問題。不願意改變創新，原因其實不只一項，除了資本的問題，還涉及創新的方向是否正確的不確定性。

　　這裡說的創新可不單單指有形的產品或服務創新，還包括無形的觀念創新。觀念的創新包含了我們如何去思考一個有形創新

15

的心智過程外，以及如何落實有形創新所衍生的經營管理層面上的改革問題。

所以，在當一個成功老闆之前，一定要先當個難纏的顧客。因為找出別人的缺失加以改進，才會使自己得以進步和成長。當一個老闆更不要害怕被消費者拿來與同業比較。一定得找出自己的競爭優勢，並加以發揮，擊敗同業、占領市場取得領導之地位。若您想在市場上立於不敗之地，就得信服「苟日新、日日

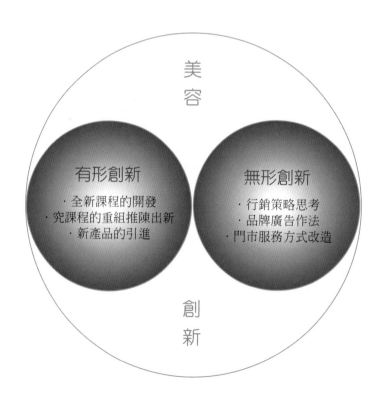

新、又日新」這句話，要時時刻刻檢討，找出問題及缺點後，重新定位，重新加入競爭，再重新出發。

美容店加盟連鎖風發燒

　　美容店是不折不扣的服務業，店舖的所在地與週遭商圈的屬性都息息相關。人氣旺、地點好的店面，或許早已經被卡位了，亦或是開出有如著天價般高的租金！而如果是因為找不到賣相佳的店面，就放棄創業的理想，那不就辜負自己的一番雄心壯志？想要開一家美容店實現屬於自己的美麗理想，妳應該先謹慎思考以下的設店關鍵因素：

　　1.您要開什麼店？店的形態、定位及經營方向？

　　2.您的BEP在哪裡？

　　3.選對商圈。

　　4.選好地段。

　　5.選擇店面。

　　6.市場調查不可少。

　　不過單打獨鬥的經營方式，不論你有多大的本事，終究難敵連鎖加盟的美容品牌挾其龐大資源的經營方式。這是個品牌行銷

的時代，連鎖加盟早已成爲時代的潮流趨勢！趨勢專家約翰奈斯比就曾提出此一前瞻的預測：「連鎖加盟經營是未來必然的行銷趨勢」。我們在下表中，由創業加盟雜誌邀集八名專家學者所作的2000年加盟趨勢預測中，可看出美容加盟連鎖從去年開始就以排名前10名之勢，成爲賺錢的明星產業。另一項摘錄自連鎖店年鑑中的統計資料，亦可看出美容店在美麗時尚相關產業中的連鎖化程度非常高，這股連鎖風是大勢所趨，擋都擋不住。

2000年連鎖加盟業成長潛力預測調查表

單位：票數

名次	業種	成長	消退	持平	棄權
1	高價位咖啡店	8	0	0	
2	搬家業	6	0	1	
3	影音光碟出租店	5	0	3	
3	兒童文教業	5	0	3	
3	水處理業	5	0	2	1
6	餐廳	5	1	2	
7	日式拉麵	5	1	2	
8	連鎖洗衣店	4	0	4	
9	連鎖藥局	4	0	4	
10	美容美髮業	3	0	5	
11	中式速食店	3	1	4	
12	家具傢俱店	2	0	6	
13	漫畫出租店	2	1	3	
13	通訊業	2	1	5	
13	連鎖藥局	2	1	5	
16	西式早餐店	2	2	4	
16	便利商店	2	2	4	
18	火鍋與涮涮鍋	2	3	3	
19	平價咖啡店	1	1	6	
20	西式速食業	1	2	5	
20	美工印刷業	1	2	5	
22	內壓式泡沫紅茶店	1	4	3	
22	500cc泡沫紅茶店	1	4	3	
24	汽車保修業	0	2	6	
25	照片沖洗店	0	2	5	
26	房屋仲介業	0	5	3	1

19

美麗時尚相關產業連鎖化程度	美容業	9.2%	連鎖化程度高
	百貨公司	1.8%	連鎖化程度中
	服飾店	1%	連鎖化程度中
	首飾及貴金屬零售業	0.3%	連鎖化程度低
	化妝品零售業總店數為總家數的倍數	3.86倍	連鎖化程度高

　　根據專家的推估，當台灣的美容產業全面普及後，年市場規模將突破1,000億台幣，預估淨利至少在600億以上。另一份資料亦顯示，美容瘦身業在2000年整體廣告投資量$568,650,000元高居台灣第20大產業的實力（資料引自廣告雜誌March,2001 P.62），可看出女性對美的追求絲毫不受這兩年的不景氣所影響。而相信這大部分應是由品牌行銷及連鎖加盟的美容業者所創造出來的市場。

　　因此，我們衷心建議想要開美容店的你，別再單打獨鬥了！選擇一個有前途的美容品牌，以加盟的方式來打造你的美麗理想會是比較聰明的決定。以下幾點是有關於自營美容店與加盟美容品牌的比較，可以幫助你在決定開店前，更釐清自己想要的是什麼。

知名度的推廣

聰明的老闆都知道，建立一個知名品牌是多麼的重要，試想，個人工作室和連鎖店何者能負擔的起「成功建立知名品牌的成本」。這個成本包括品牌的註冊費用、長久且大量的廣告費用；在消費者心目中，知名品牌即意謂著專業、代表著品牌背後有豐富及專業的經理人、專精的從業人員，更具有優良的企業形象及悠久的企業歷史。

神啊！請賜我優質的美麗推手吧

有別於個人店的美容師素質良莠不齊，連鎖店擁有的是長久且固定的優質人力資源管道。每個行業都免不了面對員工流動的問題，但對美容業而言，我們必須試著把員工流動率降低，並且減少因此產生的問題。這需要一個強而有力的教學中心做後盾。而連鎖經營在這方面所能提供的資源絕對超乎您的想像。

美麗的推手背後

完成教學中心受訓的學生，擁有一定的專業知識及純熟的技術，在工作上可以立刻上手，不像「個人店」採用既老舊又不符成本效益的師徒制，如此一來，更能減低新手出師後被同行挖角的痛楚，何樂而不為呢？

21

好還要更好

時代一直在進步，消費者的需求當然也是一直在變，若您不進步，其實便是退步了，而退步會陷您於淘汰的泥沼之中。連鎖店要您「好」還要「更好」，個人店無法提供的再進修、再教育，連鎖店可以做到，也可以做的更好！由總公司定期所舉辦的加盟店課程輔導，讓你不斷進步，讓你的員工為了學習、為了進步而全心全意的待在自己的崗位上。要定期的提供課程輔導給從業人員，需要具備非常多的條件，若是業者沒有多年相關美容經驗的累積、良好的美容技術及實際經營管理的經驗，如何能開辦這樣的教學課程呢？反之，一間個人店，如何取得這些豐富的資源呢？由此可證，優質團隊的支援，絕對勝過個人獨立的經營。

A-5 貼近美容客人的心

Opening Their Heart On Skin Care Service

　　台灣的美容消費顧客想要的是什麼？消費的動機又跟什麼有關呢？什麼樣的美容店才可以吸引顧客？以下的一些質化與量化的調查資料，將有助你在開美容店之前，更清楚瞭解美容客人的輪廓。

1.依據美容行銷現狀，有6%的女性顧客，習慣每年到美容院消費1～5次，其他的人一年消費一次。

2.美容市場最主要顧客年齡層，約在20～24歲之間，其中又以一般薪水階級或是退休者、非就業人口占大多數。

3.19%的美容市場消費人口，每年進出美容機構5～10次。也就是說，有習慣做美容的人，至少每2個月會做美容一次。這些族群算是比較固定的客人。

4.19%的顧客至少一個月去美容機構一次，這一群女性顧客通常界於40～49歲之間，再不然就是30～39歲之間。他們若非白領階級人物，就是知識分子、中等階級手工業者或是老闆。

5.美容客人最主要的消費動機是想改善皮膚狀況。隨著年齡的增長，這群熟齡顧客此時更需要良好而定期的臉部保養，別

人對自己的外在評價通常是促成美容消費的主要動機。

妳知道女性顧客到美容店消費的原因有那些嗎？希望獲得愉悅的心情是其一的因素。對女性而言，試用美的商品與服務是件令人愉快的事。有1/3的女性會立即進行試用來感受美麗效果，藉此提高愉快的感覺。另外對品牌的認同也是很重要的。不管是在那種市場，知名品牌可以決定一切。在顧客心中，知名的品牌就是品質與信譽的代名詞。因此，當我們決定要開美容店時，如果能以品牌行銷的方式經營，在美容市場的成功將是指日可待的。

什麼樣的美容店是最令顧客滿意的呢？對一個美容顧客而言，選擇美容店第一印象很重要。因此我們衷心建議妳，美容店「門面」最好能符合以下的描述：

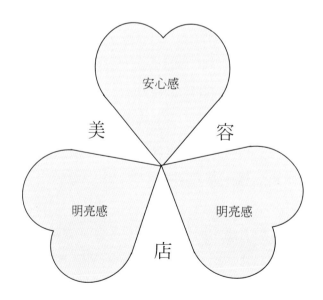

美　容

安心感

明亮感　　　明亮感

店

　　除此之外，透過問卷調查後我們可以瞭解到，美容客人選擇一家美容店還會考慮是不是離家近，這一類客人主要偏向60歲左右的年齡層。但相當令人訝異的是，少部分20～24歲的年輕顧客中的12％，也會以住家附近做選擇。關於對美容師的信心方面，美容師對顧客的深度瞭解，比美容師本身技巧還要重要。對某個美容師有信心，是年輕顧客相當重要的選擇要素。有40％的人以此感受為第一個選擇要件，但對於30～39歲的婦女而言，則較不明顯。而一家能讓顧客身心獲得放鬆的美容店，也是美容顧客鍾情該店的因素之一。

美容客人的思考

理性　　　　　　感性
是不是離家近　瞭解客戶需要

　　何種美容店最能捉住顧客的眼光呢？以下我們將美容店分為傳統美容沙龍、與香水店合併的美容店、及連鎖經營的美容中心，針對它們各自吸引的客層特色及為什麼偏好該類型的原因分

析如下表：

經營形態	顧客屬性	消費動機
傳統美容沙龍	• 60歲以上及介於40-49歲的婦女 • 手工業者、商人、公司企業老板或是老闆娘	a.信任的關係，顧客對美容師本身有信心 b.提供周全的服務及時間相當自由
與香水店合併美容店	• 介於20～24歲及50～59歲的婦女 • 從事工業者	a.可以找到顧客想要的品牌 b.價位接受度對於影響她消費意願很大
連鎖經營的美容中心	• 客層沒有明顯的類別、分野，相當的廣泛	a.美容中心的知名度高 b.對連鎖店的合理價格很滿意

您看見美容市場的潮流導向了嗎？只要您能掌握高所得顧客、高年齡層顧客及崇尚高級化顧客這三高，妳將在美容市場占上一席之地。而以品牌行銷的方式將是贏得市場大餅的最佳方式！

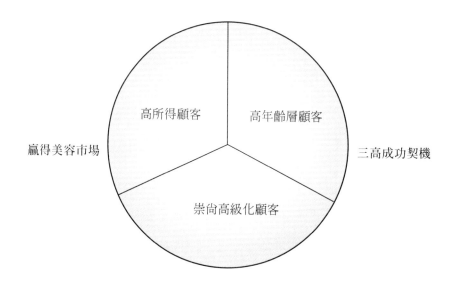

B

顧客滿意百分百
To Make Customers To Be Satisfied As 100%

美容服務業的產品兼具有形與無形，

從硬體的設備到軟體的企業文化，都是產品的層面，

顧客買的不再只是「某件商品」，

還包括「滿意」。

顧客滿意度的提高，意味著顧客再次來店消費的可能性提高。

而口碑相傳的人際傳播力量更帶來了呼朋引伴消費的契機。

B-1 瞭解美容業的服務特質

To Understand The Genius Of The Service In Beautifications

服務是一種無形商品，顧客花錢購買服務以滿足其需求。舉凡利用設備與工具，為社會大眾提供食、衣、住、行、育、樂等所需的商品及相關服務之行業皆統稱為服務業。而美容業更是為社會大眾提供美麗、健康與幸福等所需的商品及相關服務。對美容業而言，服務更形重要。從服務的英文**SERVICE**字義上，我們可以此七個字母詮釋出服務的本質：

*Smile for everyone.*以微笑待客

Excellence in everyone you do. 精通職務上的工作

Reaching out to customer with hospitality. 對顧客態度要親切友善

Viewing every customer as special. 將每位顧客視為重要的大人物

Inviting your customer to return. 邀請每位顧客下次再度光臨

Create a warm atmosphere. 為顧客營造一個溫馨的服務環境

Eye contact that shows we care. 以眼神表示對顧客的關心

美容業的服務特質

美容服務業是透過「人」提供服務，接受服務的對象也是

「人」。所以，美容服務是人與人之間的事（人際關係）。

美容服務業的產品兼具有形與無形，從硬體的設備到軟體的企業文化，都是產品的層面，顧客買的不再只是「某件商品」，還包括「滿意」。來美容店的每位顧客的狀況皆不相同，無法完全一致化，可以局部異中求同，卻無法全面的實施。因此，美容服務業追求的是買賣雙方的共同滿足，透過各種服務方式及策略獲致店家與顧客的滿意雙贏。

顧客想要什麼？

1. 價廉物美的感覺。
2. 優雅的禮貌、溫馨的感受、前後一致的待客態度。
3. 清潔、愉快的環境。
4. 能滿足他並且可以幫助他成長的事物。
5. 交通便利。
6. 有完善的售後服務與售前服務。
7. 熟悉其習性並且能提供良好服務的服務人員。
8. 商品具有吸引力，且多樣化，可提供完整的選擇。
9. 站在顧客立場思考事情。
10. 沒有刁難顧客的隱藏制度。
11. 傾聽顧客的需求，全心處理顧客的問題。
12. 兼顧效率和安全，讓顧客有一個安心、放心的消費環境。
13. 顯示自我尊榮，讓顧客有受到尊重的感覺。

B-2 讓顧客滿意的服務品質

The Quality Of Service Which To Make Customers To Be Satisfied

如何讓顧客滿意，以下我們歸納出五種類別的服務品質，如果能在這些服務細節上讓顧客滿意，將是經營美容店成功的不二法門。

1.顧客看不見的內部品質：例如各種設施以及設備的保養與維護。

2.顧客可看到的硬體品質：例如空間裝潢配置、桌椅、燈光等。

3.顧客可看到的軟體品質：例如計算消費金額是否正確、指定的保養品是否無誤。

4.服務時間的品質：包含顧客的抵達時間、等待時間、服務提供的速度、結帳時間等，都會影響顧客的滿意度。

5.心理品質：例如禮節的要求、員工敬業的精神、細心與否等等。

滿足顧客，更滿足店家

當我們的顧客與員工，甚至是社區整體對我們所提供服務的滿意度皆提高後，就意味著顧客再次來店消費的可能性提高；而因口碑相傳的人際傳播力量也帶來了呼朋引伴消費的契機。在行銷層面上，一家店的滿意度代表著顧客會來店消費的可能性。但當顧客由可能來店化為實際來店消費行動，則彰顯了顧客滿意度對業績的貢獻，這是絕對必然的。

另外，員工士氣對於顧客滿意的提高也會有很大的幫助。因為士氣的高低攸關著員工的出勤狀況、工作表現及服務品質水準。當士氣愈高，對顧客的服務品質相對的也會維持著高水準的水平。如此帶來的商譽提高，更是影響頗為深遠的，也是培養顧客忠誠度的基礎。

滿足顧客的基本功

具備專家的知識與技術

除了美容方面的專業知識與技術外，美容師須對時下流行的服飾、保養品、化粧品等美與健康的商品、服務及消費趨勢，時時吸收與研習。

聰敏靈慧的美麗諮詢服務

對於顧客的查詢,要親切地給予指導,並且不厭其煩地解釋清楚,並提供相關資料情報。顧客查詢的可能不只美容相關問題,諸如流行、穿著、打扮、食療、愛情婚姻、兩性問題等人生問題。時時充實自己的知識與提高化水平,讓你的顧客將妳視為美麗人生的「老師」,那才是最成功的美容行銷服務。

服務層面的提升

除了在例常的美容行銷外,亦可藉由發行刊物、舉辦講座、說明會及發表會等形式,將美的訊息傳達給顧客。如此一來,顧客除了增加美容知識外,還可提高美容需求,更可藉此介紹技術內容與服務品質。

實踐對顧客最好服務品質的清單

◆對顧客服務的基準：

　　對於以下項目，要能定出檢查時間，才能提供顧客最舒適的空間及服務：

　　1.接待服務是否確實。

　　2.空間的清潔感，及照明設施是否足夠。

　　3.空調溫度是否適溫。

　　4.調至適合環境氣氛的音樂。

　　5.休息區、洗手間、櫃台、正門入口處的環境布置是否合宜。

　　6.店內氣氛是否融洽。

◆應保持的良好服務水準：

　　1.當班服務人員是否到齊。

　　2.商品是否全部放定位。

　　3.用語統一：不論是操作用語與接待顧客用語，必須統一，以免
　　　造成溝通阻礙。

　　4.確保正門入口和通道暢通無阻。

　　5.按商品種類明確標示櫃台位置、陳列要有效率。

　　6.接待顧客言行舉止要有禮，並加以訓練。

　　7.下雨天要擺放傘筒。

B-3　尊重顧客贏得信賴

To Consider Customers To Get Their Trust

如何實踐尊重顧客並贏得信賴，我們可以朝以下幾點原則努力：

1.以感謝心尊重顧客：對顧客表示感謝，顧客將會覺得心滿意足，認為自己在服務人員眼中是個重要的人物。倘能具體表達感謝的事項，對方也會進一步回報以善意。

2.不卑不亢的尊重顧客：合宜的禮儀就如金錢一般，既不可過度濫用，也不能吝於表示。過度的禮儀予人殷勤虛偽之感，因此服務人員應斟酌過用合宜的接待禮儀，來適度滿足顧客的自尊心。

3.記住對方姓名表示尊重：姓名是一種「自我的延伸」，假若能記住顧客的姓名，在他下回再度光臨時，他會有強烈被尊重的感覺。

從事美容服務，想要贏得顧客的信賴，應該從人品、技術、外表三個層面來努力。

人品方面

要做到誠實、親切待人、熱心服務、和藹可親、開朗、體貼入微、認真負責、服務周到、敬業樂群。

技能方面

要具有專業的美容知識與技能、美容化粧品知識、服務銷售技巧，更要有絕佳的理解能力及良好的表達能力。

外表方面

要給人好感的打扮、清新整潔的儀容、充滿朝氣的健康美、應對得體的談吐、乾淨俐落的動作都是不可或缺的。

B-4 一分鐘識人術

To Know Someone Just At One Minute

　　光靠交談一分鐘後，你就能辨識來客是哪一型的人嗎？你又該如何來因應呢？以下將形形色色的顧客歸類為八大類（見表1），讓妳更迅速清楚的掌握來客，做好成功的美容行銷。

　　藉由不斷的告訴顧客她的獨特、與眾不同之處，讓顧客的對自身自我價值的評估提高，如此一來可以自然地減低客戶的排拒感及恐懼，其生意成交的機率也會相對提高。

表1　顧客之八大類型

沉默是金的客戶	可以從他臉上細微的表情變化，判斷他對什麼比較感興趣。
脾氣暴躁的客戶	面對無法耐住性子等待的客戶，對策就是以最快的速度，解決顧客的問題，讓他覺得被重視，覺得非常有效率。
淘淘不絕的客戶	找到適切的時機，將話題轉回正題上。
搖擺不定的客戶	當客戶的眼神飄忽或是目光轉來轉去的時候，必須給予他決定性的因素。例如，開放店長權限，給予員工價八折優惠，以吸引他馬上做決定。
喜歡擺架子的客戶 多疑的客戶	必須以很誠懇的態度，在對的時機讚美他。例如告訴對方：你看起來，比實際年齡還要年輕五歲，可見你非常有保養的概念。
多疑的客戶	對客戶所提出的問題必須謹慎的說明，不可有模糊不清的說詞。必要時，可以以照片來輔助說明。
學富五車的客戶	找出與客戶能相談甚歡的話題，與他相互呼應。
極端敏感的客戶	請牢記住，一個極敏感的人是絕對無法接受批評的。

　　成交後才是真正服務的開始。所謂成交前看商品，成交後看接觸頻率。所謂的接觸頻率，在此指的是美容從業人員在成交後，實際服務客戶，與客戶接觸的次數多寡，以及是否能時時掌握客戶需求，提供消費需求滿足，並時時分享商品的新資訊。接觸頻率的反應就是顧客來店的頻率，而來店頻率則又取決於被你服務的感受和滿足。

　　以下三點我們希望引領您對顧客心理有正確的瞭解：

主觀的判斷

　　請問您打算如何解決您的問題呢？

理性的態度

　　若您不能接受問題，而又無法解決，它會對您造成很大的困擾，而且若問題會繼續擴大，那又該如何是好呢？

專業的說服

　　以誠懇自信及允諾的語氣告訴顧客。請您相信我們，我們絕對可以解決您的問題，滿足您的需要，請給我們一次機會，以及給您自己一次機會。

B-5 恰如其分地讚美顧客

To Laud Your Customers Fitly

　　甜言蜜語人人愛聽，只是在讚美別人的時候，要特別注意「甜度」是否恰到好處：太過，別人會覺得虛偽做作；不及，別人又會覺得不夠尊重。可見讚美是一門說話的學問及藝術，要讓聽者聽得眉開眼笑，全身上下每個毛孔都舒暢，顯而易見得有深厚的心理學及修辭學做基礎不可。在此提供我們的經驗，希望你能舉一反三，成為讚美的高手。

瞭解背景、拍對馬屁

　　適當的讚美是人際關係的潤滑劑。若想讓顧客覺得你說的句句屬實，就要對他的背景有所瞭解，才不致於馬屁拍在馬腿上，造成反效果。想瞭解顧客的背景，必須在自然而然的情況下進行，絕不能像在逼供那樣，特別是對第一次上門的顧客，最好先試探性地瞭解他的工作背景和家庭狀況。如果顧客不願談論，千萬不要打破沙鍋問到底。也許是他有什麼難言之隱；也許是他非常注重個人隱私權！總之，從事服務業，凡事要以客為尊，尊重他的意願、尊重他的選擇。

41

顧客有喜，及時道賀

從事服務業一定要懂得人情世故：當顧客家有喜事的時候，一方面要以言語道賀，另方面也則要以實際行動來表達祝福之意。比方說，林媽媽嫁女兒，喜氣洋洋的來做臉部保養。你就應該親切地祝賀她，真是好福氣啊！這麼年輕就做丈母娘。而且即使她沒有下帖子給你，也可以主動去喝喜酒、送紅包，順便帶著化妝箱，在喜宴上為她做免費的服務，整理頭髮或補補妝。這樣會令顧客覺得感動，說不定對方還會包個大紅包給你當回禮。

做生意絕對不要短視近利，要有永續經營的概念，像這種額外的服務，後勁其實很強，往往會帶來意想不到的結果。以日本的商店老闆而言，他們習慣將顧客看做一個市場，而不是一個消費者。開麵店的，一碗陽春麵不過一、二十塊錢，但是如果有一個顧客，他對你的產品情有獨鍾，三天兩頭就來光顧，想想看，一、兩年、十年下來，不是一個幾十萬的大市場嗎？因此對於顧客的態度，不可因一次消費額大小而有所差別。想要開會賺錢的店，就要有這樣的遠見！

讚美顧客的穿著打扮好

想要成為讚美高手，一定還要練就一雙明察秋毫的好眼力，能夠看到對方與眾不同的地方。例如，顧客穿著一套新衣服；戴著一副新耳環；拿出一個新皮包；換一雙新鞋；你不但要一眼就看出他的不一樣，還要發出驚奇的讚嘆聲。哇！你這個戒子好漂亮，一定很貴吧。你這套衣服的質感很好，是哪個知名設計師設計的？尤其是對身穿名牌的顧客，要立即發現他的不同，否則他就會以為你不識貨、沒有品味。將心比心，當顧客花了大把鈔票、購足了行頭，卻沒有人注意到，也沒有人讚賞，那是多令人沮喪的事啊！

記住要讚美顧客，顧客是不分男女的，男人和女人都喜歡被人讚美，若你能細心地觀察到他小小的改變，那就更令人覺得窩心了。

說人年輕，物超所值

每個人都怕老，尤其是女性。所以當你在猜顧客年紀時，特別是女顧客，千萬不要實話實說，千萬要記得向下調整。五十歲的顧客，頂多猜四十歲，雖然他嘴上會說：「哪有那麼年輕！」

43

但是心裡卻高興的不得了！但若你說她長得跟你阿媽很像，那就算是你誇她看起來慈祥，她也會被你氣得心肌梗塞。

至於物超所值，則是猜顧客所買的東西的價錢，一定要適量加價。顧客身上明明穿的是上萬元的名牌服飾，你卻不識趣地說：「昨天我在夜市也看到跟這件一模一樣耶！」這種讚美法，不把顧客氣得半死才怪。

⭕心肝寶貝多誇讚

開店做生意，經常會碰到一些顧客帶小孩、孫子，甚至是寵物來消費，這個時候與其你稱讚顧客，不如讚美他的小孩或寵物，更能討他的歡心。在一般情況下，讚美小孩的形容詞，不外活潑、可愛、美麗、健康和聰明；讚美寵物的形容詞，則有聰明、可愛、漂亮或是愛撒嬌。如果你自己也很愛寵物，還可以進一步請教他，到底是怎麼把牠教得這麼好！通常顧客都會滔滔不絕地傳授他的看家本領給你；因為人都有幫助他人，證明自己有能力的潛在慾望，你讓顧客覺得你需要他的幫忙，而且他有辦法幫你，通常可以提高兩人的親密度，可以在消費關係之外，再提升加深彼此朋友的關係。

見多識廣、品味非凡顧客愛

假使你知道顧客喜歡從事哪些休閒活動，如繪畫、看書或者出國旅遊，皆可以此為話題請教他，哪些餐廳好吃？哪些東西好玩？幾乎每個人只要講到自己的興趣，都有說不完的話，這時你適當地讚美他，說他好幸福，年紀輕輕就出過國，或是誇獎他的品味不凡、有藝術家的氣質。

從事服務業的最大禁忌就是跟顧客比較，當顧客正興致勃勃地講述他出國旅遊的過程時，你可別插話說：「你才出國一次，××已經出國玩了三趟啦！」或是：「哎呀，你被騙了啦！你的導遊沒告訴你，買東西一定要從一折開始殺價嗎？」這麼雞婆的建議，顧客不但不會感激你，反而會覺得你在多事。

不要和顧客沒大沒小

有些人由於和顧客混得太熟，往往忘記對方身分是顧客，不是態度沒大沒小，就是說話過於隨便。譬如批評顧客：「你怎麼這麼三八！」、或是「你好沒水準哦！」，聽了這種批評指教，不管再熟的顧客，都可能會心裡不舒服，甚至跟你翻臉。所以，對顧客絕對不要因為過於熟識，就忽略應有的尊重和禮貌，隨便的

45

態度，可說是服務業最大的致命傷。

不要每次都誇讚同一件事情

　　生活在這個多元化的社會裡，讚美的內容也一定要隨之多元化。不要每次都誇獎顧客同一件事情，聽久了，不僅顧客沒有感情，可能還會覺得你過於虛情假意。讚美既沒有一定的變化公式，但也不是一成不變的例行公事，完全要靠你的經驗和智慧，視當的情況臨時應變。不過在服務顧客、面對顧客的同時，隨時隨地保持敬意總是錯不了的。

C

使業績倍增技巧

The Know-How That Makes Earnings To Grow And Grow

美容店的業績要好，不只是開門等著客人來而已。

如何透過營業管理的許多技巧，喚回更多的顧客，

創造更多的顧客需求，

讓妳的美容店整體業績一直不斷往上飆升！

如何讓一通通的來電諮詢都成為實際顧客，需要有好方法。

要想帶好一家店的業績，妳絕不可不知的業績倍增秘訣。

C-1　觸動人心的高明行銷

The Perfect Marketing Of The Human Touch

在行銷上，能夠透過人與人的人際溝通互動，在潛移默化中達成行銷目的其實才是最高明的行銷。這種行銷的效益，在某些以偏感性消費的產業，往往比一般廣告的效益還來得好。因此，以重感覺消費掛帥的美容行銷，我們更應善加利用此種最能觸動人心的行銷手法。

以自己使用過的卓越效果心得的親身例證，透過口述分享給對方。對方會在不知不覺中，很容易被觀念洗腦，而在心中對該品牌商品產生信心與好感，這是人際關係行銷的一種應用。另外也可以運用社團關係，將本身服務公司的服務優點透露給社團群體知道。如果妳能夠加入他們，把自己融入其中，不但對本身業務的推廣有助益外，也可貢獻自己的時間與意見，這在事業上或人生旅途上，都可能得到意想不到的回報。

除此之外，我們也不要忘記對同仁的優惠政策。所謂的公共關係(Public Relations)，也應包涵員工。將共事的同仁當成是內部顧客，舉凡是新商品、新療法，都可以將之開放給同仁優先試用、試作、讓其身歷其境。也只有他們對商品及療效感到滿意，才能把自己當成活廣告，誠懇且直接的與她人分享使用心得。如

此必將大大提升人員行銷的效益。

　　長久以來，顧客介紹是一種最有效的見證式行銷。它向來一直被認為對行銷是一股強大的力量，一句中肯的顧客口碑，往往勝過長篇大論的廣告語言，我們應該充分加以運用。以下就是利用現有顧客介紹新顧客的實務操作技巧：

介紹顧客

　　舊顧客介紹新顧客到公司來，即可得到免費的產品或服務。你不妨選擇一種對他較有意義的方式回報他。

帶朋友一起來

　　給帶朋友進來的顧客某些折扣，譬如說：帶一個人進來，他可享受半價優待，或是二人同行，一人免費…等等。當然這種方式，並不限於朋友，你可以有效運用在特殊節日，例如：情人情、父親節、母親節……等，多運用你的創造力，重要的是兩人必須一起預約，才能達到實質效果。

一句中肯的顧客使用見證口碑，往往勝過長篇大論的廣告語言，美容行銷要善加利用此觸動人心的行銷手法。

C-2　如何讓收銀機響叮噹

How To Make Your Cash Drawer To Ring And Ring

　　當每位同仁都瞭解「自己」在符合顧客需求上，所扮演的角色，那公司才能稱得上是一家以客為尊的公司。因此要做好服務，必須瞭解美容顧客的最基本需求！

美容顧客的基本需求

◇服務親切、態度良好：

　　跟顧客打成一片，當做親人般照料。

◇環境優雅、清潔衛生：

　　讓顧客一進門，立即覺得好舒適，流連忘返。

◇技術高超、領導流行：

　　藉由精湛的技巧及儀器呈現顯著的效果。

◇品牌形象、信用可靠：

　　以合格執照的化粧品，讓顧客買的放心、用的安心。

◇客群關係和諧：

　　把顧客當朋友，讓他不知不覺中完全放鬆。

◇提供豐富的美容資訊：

　　掌握時尚流行新知，適時地給予顧客符合其個人的美容保

養常識。

◇服務迅速：

掌握服務進度及時效，不拖延服務流程及時間，讓顧客感
受到備受尊重。

◇符合上下班時間：

讓顧客自由選擇利用其休閒時間，放鬆情緒享受服務。

◇制度、管理系統、人性化：

以規律有則的管理風格，讓顧客有著賓至如歸的感受。

◇價格合理、公開、透明化：

明白清楚的價格，使顧客瞭解其價值性，選擇出符合他自
己預算的消費方式。

贏得顧客四大「勤」拿法

要顧客勤於上門，我們就要勤於服務。因為讓顧客成為「主
顧客」，需要投入很多的時間及努力，但事實證明，這是值得的。
老主顧不但忠誠度高，而且可以成為商家的活廣告，幫我們建立
口碑、發展市場，做更有效的人際傳播。所以，以下贏得顧客四
大「勤」拿法，絕對不只是口號而已，而是必須身體力行，才能
創造高業績。

創新需求，整套行銷

對美容行銷而言，不但服務的每個細節都要講求品質，儘量做到從顧客的眼光來看皆完美的品質要求。同時若能夠做到整套行銷，才能創造高業績與高利潤。因此我們要將行銷的最高標準放在整套行銷的達成。

要完成整套行銷，首先需從行銷自己開始做起。傾聽顧客的聲音，重新包裝自己，發揮特色，投其所好，讓顧客耳目一新，

動腦要精
勤於吸收新的資訊知識，創造新的服務方式，提供新的技術，跟著流行走！

嘴巴要動
熱情歡愉的親切招呼，例如：歡迎光臨！您好，很高興為您服務。主動詢問顧客有沒有需要服務的地方，在顧客尚未開口以前，先主動滿足需求。

雙手要勤
靈巧打理自己的外貌，讓顧客引以為鏡，更確信所提供的不但是精湛技術，更能讓自己在舒適的環境下放鬆。

雙腳要快
服務的步調一定要規律緊湊，免得讓顧客感覺散漫、不盡責。

無法抗拒。再則更要洞悉未來趨勢，隨著新潮流善加掌握機會、掌握時機，唯有瞭解未來才能創造新的行銷機會。在這新世紀，未來是個性化的時代，我們應貼近顧客的心，針對顧客的需求組合配套出切合顧客需求的美容課程。

在當顧客對需求猶疑不定時，妳應該適時提供誠懇、肯定的建議，讓顧客理解到這整套組合是專門為她量身訂做設計的，再適合她不過了！如此的「顧問型推薦」的銷售，所受到的阻力最小。當妳幫了別人美夢成真，你自己一定可以心想事成。而妳就可以成為顧客心目中的最專業的美麗顧問。

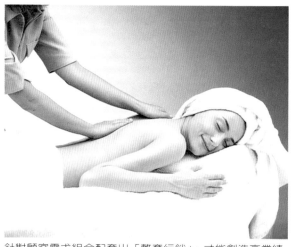

針對顧客需求組合配套出「整套行銷」，才能創造高業績與高利潤。

C-3 資料庫行銷拉近顧客的心

The Data Marketing Closes Your Customers' Heart To Your Business

科技改變選擇，選擇改變顧客！既然顧客在改變，你我也應該改變！

昔日的顧客比較有人情味，因此乃有所謂打死不換店的忠誠顧客。今日的顧客比較理性，重視實際的效果，相較之下也就比較沒有忠誠度。面對這種新的情勢、新的環境、新的威脅、你我在從事行銷工作時，著重的應該是質而不是量。所以運用一些可以鞏固顧客的各種作法是非常的重要。

我們要重視顧客眼中的形象，它可以讓我們更清楚看出與競爭者間，我們所處的競爭態勢優劣。而定期追蹤顧客使用產品的效果，更有助於瞭解商品的各項狀況，以作為隨時修正商品技術與產品的基礎。

另外如果我們可以擅加利用顧客資料庫行銷，定期提供給顧客針對不同季節、流行時尚、保養方式等常識的DIY保養護理小百科，相信必可大大提升顧客對我們美容店的認同，而且也可在

潛移默化中增加一些行銷的機會。同時如果我們能將顧客視爲自家人一樣，關心居家的保養狀況及適時給予心靈上的慰藉。這必會讓顧客對妳更加死忠，因爲人都需要朋友的對待。

美容業常用回call法來持續與顧客互動。回call的效果有時候是令妳想像不到的。或許你還認爲花時間打電話給顧客並不值得，請記住一句諺語"Out of sight, out of mind"（離久則情疏）。生意必須依賴與顧客之間的關係，而這個關係必須建立在不時的聯繫與意見消息共享或交換上；你不妨利用電話拜訪的同時，多撥一點時間，試試看，你會收到意想不到的效果。回call除了透過電話問候與歡迎顧客回店外，也可利用以下提到的新意來給顧客更貼切的服務感受。

例如由顧客服務中心寄出感謝函，讓顧客實際感受倍受重視。以提供各種服務指南，來幫助顧客解決問題或即時回應顧客心中的疑問。同時提供公司及其服務的相關資訊，讓顧客覺得有提昇會員權益的價值性。告訴顧客可以怎麼利用公司的各項優質設施，讓顧客覺得我們的服務品質有提昇。

如何進行回call的步驟

回call的時間應依顧客的類別來進行調整，須以鍥而不捨的精神，來打動顧客來店的心，還要多探詢顧客的問題、需求，並將辛苦收集起來的資料彙整起來。

1. 親切的打招呼、活潑生動，讓顧客加深對你的印象。

2. 表明身分。

3. 關心近況。

4. 對不起，打擾您幾分鐘時間；此時語氣要誠懇，聲調要柔和。

5. 瞭解顧客不繼續來店的原因及狀況，製造機會讓顧客說出真實的原因，耐心的傾聽及評估，是否真不願意再來，當顧客真的不願再來店時，切勿再談下去，以免造成反彈及厭煩。此時須馬上向店長回報，讓公司幹部於兩三天內再次電話拜訪，甚至親自到府拜訪，展現最高誠意，感動顧客，讓他願意再來公司，繼續未完成的護理療程。

6. 若顧客堅持不來店，則可以其它方式吸引顧客，如送試作券、贈品、試用品等。再不然以站在顧客的立場，請顧客將剩餘課程轉換成產品，帶回家使用。顧客若答應來店做轉換手續，我們就多一次與顧客接觸的機會，或許能有扭轉的機

59

會。

7.顧客若是對前次諮詢內容不甚瞭解，則可以說：對不起，上次您來電時，我在電話中講解的讓您不清楚，謝謝您再給我一次機會來為您詳細解說！

8.引導安排下次見面的機會。

9.假如顧客是貪便宜的類型，則可告知促銷優惠方案，並請顧客把握機會。

10.確認顧客預約的時間，並記得事先提醒。

○ 回call的應對技巧

回call前要調整好心情，以活潑的態度來展開回call。聲音要甜美且有活力。因為每打一次電話，你都會給對方一個絕對的印象，這個印象是好是壞，完全取決於你的聲音及語氣，所以，講話時，語氣要柔和且人感受愉悅。而在進行回call時要注意時間，如為上班族顧客，勿找休息或中午、傍晚時間。另外也要切記勿過於形式化，只一味的詢問可來店時間，應適時關心，瞭解需求，再切入主題。而在回call作業上切記，勿過於密集回call，這會讓顧客產生厭煩而得到反效果的。

回call的注意事項

1.回call首重關心話術，可切入主題的如右列舉的項目：對方
的工作時間（從中可得知可來店的時間及收入）；目前肌膚
狀況；現在使用的保養品品牌；是否有進行定期保養；依當
時氣候的變化，加入專業的角度，告知肌膚居家護理的方
式。

如此一來，要引導顧客來店，不但時間上能掌握，且更可以
瞭解顧客的消費等級，如遇到非常貪小便宜的顧客，可於電話中
明白告知當次護膚的費用及折扣，及來店將贈送的試用產品…
等。

2.將每個月的電話諮詢製成來店顧客資料，詳細記錄於記事
本，填寫顧客姓名、住址、電話、肌膚狀況、諮詢項目及當
次談話內容。談話內容包含：顧客之前所做的保養地點、費
用、治療情況、換沙龍的原因等等。把所談內容記錄愈詳
細，愈有利於日後的後續追蹤。

如此一來，對顧客的習性就愈能瞭解，最好是每接完一通諮
詢電話，就馬上將情況記錄下來，馬上記錄是最好的方法，因為

此時的記憶是最完整的。這樣不管此位顧客當月是否來店及為何不來店的原因都不難瞭解及追蹤。

3.每回追蹤必需把談話內容寫下，當顧客已有厭倦的反應時，則須拿捏好時間，必要時寄出當月DM（宣傳單）或萬用卡。讓顧客對公司有更進一步的瞭解，可在萬用卡上會註明公司的服務內容及市場優勢特色，DM（宣傳單）上可規劃具時效性的優惠，以吸引顧客來店。後續回call訪談時，能於電話中以關心問候口吻來交談，把顧客視為自己的好友或親人，更深一層地瞭解顧客不來店的原因。

電話諮詢時，遇到防禦心強、沒安全感的顧客，可以寄上萬用卡、試作券、試用包，隔日再以電話告知可先來店瞭解膚質，憑券可半價試作，試作滿意再購買，課程另有優惠，且來店時會依顧客的膚質需求不同，給予適合的美容小百科。

4.回call無祕訣，最重要的便是勤call，用一顆誠懇的心。當顧客萌生意願來店，也預約時間時，一定要事先提醒，千萬別讓顧客取消或忘了來店。

5.回call 時可詢問顧客，對產品的看法是否符合他們的期望？需要任何使用上的建議嗎？藉此瞭解顧客是否真的對服務感

到滿意。於電話中一定要能確實的讓顧客知道,公司的試作流程及特色,試作時落實做好各階段流程,要明白的標示價格讓顧客知道。還可以依顧客個人的狀況,設立美容小百科,依據個人問題量身訂作,不但可使顧客確實知道正確的保養觀念,並得到問題的解答。

回call的資料分類

依諮詢卡上看出顧客問題肌膚及習慣性消耗費用,瞭解其目前的保養情況;再依其生活狀況,看出顧客是否爲遺傳性問題肌膚,還是體內問題所引起;這些資訊都可從諮詢卡中略爲瞭解,可以增加你在電話中的談話內容,拉近彼此間的距離,以免一開口即就顧客感覺你又是來告知促銷活動,想要他來店消費。因此,建議回Call時可將顧客資料卡分類成以下兩類:

1.當月壽星:提前告知生日優惠,請她持券來店做保養。
2.找不到人、無電話者:可寄試作券。

另外也要將回call來的顧客預約的時間詳細的記錄,讓自己可以即時掌握。並且利用諮詢時,關心顧客所勾選的問題及目前的整體狀況。

顧客拒絕回call的因應之道

　　一是「誘之以利」，以免費活動吸引。例如恭喜他，為回饋顧客長久以來的支持，我們從電腦中所儲存六千餘位會員中抽出七十位名額，贈送一堂價值六千元的皮膚光纖課程，並且為您的肌膚量身訂做柔嫩肌膚護理小百科，讓您也能成為自己的代言人，為自己的肌膚柔白一夏。其二則可利用贈品、試作券、折價券⋯等。

C-4　如何收復流失的顧客

How To Regain Your Lost Customers

寄意見函

　　去函詢問比打電話有效！由來自公司高層署名的信函，較具說服力！信中要提及與電話訪問相同的問題，而且強調：顧客如有任何問題，可與公司高層接洽。雖然此法較不個人化，但會令人覺得較不唐突。

流失顧客的挽回call out術

　　親切的打招呼後表明身分及打擾您幾分鐘，表達已獲知顧客的狀況及關切之意，主動表示已有準備，可以為她解決問題，是否願意再給一次機會，並確認預約時間。

書信傳情

　　損失一位顧客之後，為了避免此種情形再發生，以書信瞭解與顧客相處的弱點，是有其必要性的，內容可參考下頁的範例。

親愛的顧客您好：

當您決定不再來我們店裡，雖令我們感到遺憾。但我們依然祝福您在新的沙龍裡，獲得令您滿意的的服務品質。

雖然，我們一直以提供最好的服務品質為目標，但仍無法滿足您的需求，在此先向您致歉！我們做的不夠好！

現在只希望您能撥冗接聽來自我方客服部的電話，他們將很快與您聯絡，希望您能夠不吝賜教。在此，先謝謝您！

您提供的寶貴意見，將是我們最珍貴的資源，也是我們努力改進目標。

感謝您過去的支持與愛護，並期待能有再次為您服務的機會。

敬祝您　愉快！

信件重點：

先謝謝顧客過去的合作，並對顧客現在的選擇表示尊重。且要讓訪談或問卷儘量簡短不囉唆，強調並不是以業務為目的。

　　另外我們也可透過問卷或訪談，來發掘顧客要更換服務店家或人員的理由，並利用這資訊，來發現本身服務不足的地方。因此，我們更該在問卷上特別重視以下的問題。

1.請問您是對我們的價格、服務品質、人員專業素質，或其他因素不滿意嗎？

2.在您更換服務人員後，上述因素有改善嗎？

3.是什麼原因讓您選擇現在的服務店家或服務人員？

4.您覺得我們目前需要加強的項目是：

　　□軟體　　□硬體　　□效果　　□其他＿＿＿＿＿

C-5 幫你找到更多的客人

To Help Yourself To Find More Customers

開發新顧客的MAN原則

一般所謂新顧客的定義，應該是包括上述三要件。在實際的行銷操作上，我們可以下的評估方式加以判斷，並設法加以突破，爭取更多的顧客。

金錢	決定權	需要性
M有	A有	N有
m無	a無	N無

M＋A＋N：是有效客戶，理想的行銷對象。

M＋A＋n：可接觸，配合熟練的銷售技術，即有成功希望。

M＋a＋N：可接觸，並利用方法，找出具有A決定權的人。
例如是父母親、男朋友或先生等。

m＋A＋N：可接觸，調查其經濟狀況、信用條件給予貸款。

m＋a＋N：可接觸，長期觀察培養，使其多具備另一條件。

m＋A＋n：可接觸，長期觀察培養，使其多具備另一條件。

M＋a＋n：可接觸，長期觀察培養，使其多具備另一條件。

m＋a＋n：非顧客，立即停止接觸。

由此可知，潛在客戶有時欠缺某一條件，如金錢、需要或決定權，但我們仍能開發，只要應用各種適當策略，就能使其成為我們的新顧客。

增加潛在顧客的接觸機會

不斷確定自己可以和潛在顧客維持有效的接觸。募集新顧客是一項持續進行的工作，我們建議多多善用以下的與顧客接觸方

式。

　　最好的推薦來自於現有的顧客，這是必然的。因為他們對具有良好服務品質的公司印象深刻，所以們要讓現有的顧客願意去樂於推薦公司，就是最成功的業績倍增技巧。研究顯示，相當高百分比的新顧客，是來自於現存的顧客！因此需要用服務加深顧客的印象，確保他們下次還是會選擇你的公司。而企業的發展機會，來自於繼續維持市場上的高曝光率，讓顧客瞭解，您對他們的支持，銘感於心，並可藉此鼓勵並刺激需求。顧客親密的另一半、律師或是調查員，這樣的人士，都將提供你最有價值的接觸，讓他們知道你所要的顧客，並讓他們知道產品及服務資訊。當然，如果你能不斷與有影響力的人聯繫，必將對業績大大有幫助。

巧思妙招爭取名單

　　只要擅用以下建議的各種行銷巧思，相信必能為妳多方面積極爭取到更多銷售承績。

　　1.郵寄宣傳單、印刷品，試探反應。

　　2.嘗試結盟組織，舉辦美容研習會。

　　3.利用各種展覽會並參展。

4.由潛在顧客裡走入對方的家庭並產生互動。

5.人群密集的地方、風景區、獅子會、名流階層聚會的場所，要時常去走動。

6.對即將踏入社會的新鮮人，展開早期開發顧客的行動，透過學生社團的聯繫，派美容師到校講習，以精彩的幻燈片講解，配合實際演練，試用、教導皮膚基礎保養、化妝技巧、整體搭配、灌輸美儀常識及知識。

7.開辦服務性質的美容講座，不涉及買賣行為。對公司而言，達到深刻的品牌效果。其次因現場人潮無法顧及的膚質諮詢，可延續到分店，進行更詳細的測膚美膚服務。

8.主動的訪問：透過時效性名單，積極主動回訪，掌握效益。

9.透過介紹：利用顧客、親戚、朋友、有力人士、推薦名單，介紹客源。

10.社交團體：例如俱樂部、同學會、鄰居、藉由交流發現客源。

C-6　*觸動您心 贏得業績*

To Touching Your Heart To Win The Earnings

在這個高唱顧客至上的時代，大家都把「顧客滿意」、「顧客服務」掛在嘴上！究竟什麼是「顧客滿意」與「顧客服務」？是那些堆積如山的問卷調查？或是你進門時高喊歡迎光臨？難道只有服務業才需要提供服務？

我們相信，即使不是服務業，只要以體貼顧客的心為出發點，從產品的研發、製造、行銷到服務，莫不以此為念，那你還會與商機擦身而過嗎？真正有效的顧客聯繫方式，是指當顧客與公司接洽時，他們的需求在第一次接洽時就被解決了！而這樣的聯繫，應該會讓顧客覺得公司很優秀，因為能符合他們的需求。

能觸動人心的四個C

Confidence信心	你必須表露出你的自信，來作為每次成功接洽的基礎。
Creativity富創造力的心	是指要能夠發現使自己與顧客產生互動的方式。
Caring關心	讓顧客知道你樂於傾聽，並關注他的事。
Consideration體貼的心	你應該散發出可靠的感覺，讓顧客覺得放心且放鬆。

顧客接待有效十大招

1.知會顧客：不管你有多忙，都要先服務顧客，不可以讓他們等待。

2.專心處理顧客的事：當與顧客接洽時，要注意眼神的接觸，並關心他們的需求，眼睛的接觸，有助於你專心、集中精神。

3.友善開場：顧客會視你的態度，決定如何回應，假如你使用真誠、友善、親切及熱誠的聲音，他們就會對你及公司有良好的回應。

4.要親切地叫出顧客的姓名：試著把所有顧客的名字記下來，這是讓服務變得更個人化的技巧，可以讓顧客知道你多關心他！

5.要確定你可以幫助顧客：讓顧客知道你能幫助他們，會讓他們覺得安心，若能讓他們知道你有解決或回答問題的能力，你將可以更快的交易。

6.傾聽並知會顧客：傾聽，可以瞭解顧客不滿的原因，及實際狀況；要瞭解顧客所說的內容，並且要讓顧客知道你已經瞭解他們的狀況及感受，而且你一定會幫助他們。

7.詢問顧客問題：在每次接洽中，你要確定已詢問過所有的問

73

題，及得到所需的資料；提出問題，將幫助你解決顧客的困
難，且適時得到正確的顧客資訊。

8.創造可實現的願望：向你的顧客，仔細解釋公司的服務方針
及政策；會讓他們對於所購買的產品感到放心，所以，提供
可實現的期望，顧客就不會感到失望。

9.確定顧客感到滿意：別只是悶著頭往前衝，而不知道你所做
的是不是顧客想要的，當事情出錯時，顧客通常不會明確地
向你說出哪裡出錯了。

10.感謝顧客來電：一句謝謝，會讓你的顧客知道：你珍惜他
們的支持，同樣地：要保持長期關係，就要讓顧客知道你
隨時準備幫助他們。

廣告操控顧客心

Advertising Is Controlling Customer's Spirit

廣告是煽動人心的利器！

廣告教父大衛・奧格威（David Ogilvy）最為肯定

「廣告可以促進銷售」的價值。

在行銷傳播組合裡，廣告係屬推廣組合(Promotion Mix)中的一環：

近幾年因全球商業發展趨勢及廠商與媒體互動所激盪出的傳播火花，

讓廣告的在商業活動中的重要性逐年拉高，

甚至有凌駕生產、流通各行銷層面之趨。

D-1 善用廣告推升你的業績

Plans Advertisements To Push On Your Selling

廣告催化愛美女人心！

美容產業在台灣的發展，實務上印證是可以透過廣告激發出消費需求，繼而再組裝課程商品來進行銷售與服務。大部分美容業者所推出的課程在產品矩陣分析上是屬於高感性高關心度的商品（見表1），最需要透過廣告活動，給顧客建立起深層的心理認同與清晰鮮明的商品承諾（美容服務能為顧客解決什麼）；而這與我們看了廣告去買一瓶礦泉水，是截然不同的。

表1　感性與關心度商品矩陣分析

高感性 & 低關心度商品	高感性 & 高關心度商品
例：可樂、礦泉水	例：美容、瘦身、SPA 汽車、預售屋......
例：洗衣精、汽車臘	例：洗髮精、衛生棉......
低感性 & 低關心度商品	低感性 & 高關心度商品

因此，當我們在經營一家美容店時，我們必會投注相當多的心力在引進更先進的美容儀器、更精緻細膩的美容技術與更優質的美容商品，期望以此提供給顧客更臻完美的服務。

除此之外，我們更應該多多費思量我們的廣告該怎麼做，才能將我們「好的特質大聲的說出來」，展現在每一個未來都有可能成為你顧客的一群人面前。這是美容服務為什麼要做廣告的關鍵。

美容廣告的明天──整合行銷傳播

1960～70年代所發展出來的行銷術，在廣告實務上較偏重將商品欲傳達的訊息，轉化為廣告訊息，進而迅速有效的傳達給顧客，促使對方產生購買行為或達成其預期的結果。因此傳統廣告比較著重在單向性的說服性傳播。

分類標準	廣告方式	美容廣告實務應用
消費性或專業性	消費性廣告 專業性廣告	美容業通常以課程訴求爲主體 對美容業界人士訴求，通常是求才或形象廣告
廣告涵蓋區域	地方性廣告 全國性廣告 國際性廣告	美容店家吸引當地顧客最直接的方式 當品牌連鎖化後最經濟的廣告方式 當品牌欲延伸海外市場國際化後需投注的廣告
廣告目的區分	商品廣告 活動廣告 形象廣告 危機公關廣告	適合推動美容課程、商品販賣等 最常用的是告知促銷訊息，參與社會活動也算 新品牌建立或扭轉品牌劣勢時可用 當新聞衝擊品牌危機時，以正面宣傳品牌立場
廣告媒體區分	電視廣告 廣播廣告 報紙廣告 雜誌廣告 戶外廣告 網路廣告 電影院廣告 公車廣告 捷運站廣告	適合美容店家新品牌建立知名度用（區域性頻道） 美容業較少用，因聲音較難讓美的訊息有高說服力 因廣告露出廣度大，適促銷及活動等即時性訊息露出 印刷色彩佳、閱讀久，極適傳達美容課程或商品販賣 適合傳達單純美容廣告訊息或建立品牌印象 針對Y世代高專以上的粉領族是很直接的新興媒體 適訴求３０歲以下族群（但要已有廣告片材料才划算） 車箱外適品牌印象，車箱內適單一課程或促銷訊息 站內適品牌印象，車箱內適單一課程或促銷訊息
其它廣告媒介	直效廣告信函 e-mail廣告 街頭散發傳單 區域夾報廣告 海報 人形立牌 廣告旗幟 面紙廣告 店面招牌	適深度說服美容服務，通常以實用資訊形態包裝 部分大型網站有提供此服務供會員點選，例：雅虎台灣 許多美容業者最愛用的廣告方式之一，但回應率低 通常以傳單格式適用之，再雇請派報公司夾入報紙中 適美容店家在店面內傳達簡潔的課程或促銷訊息 適合美容店家放在店外空間吸引來客或辦活動時用 適合美容店家參與促銷、展覽、宣傳造勢活動用 也是美容店家最愛用的廣告方式之一，但回應率低 美容店家在開店裝設招牌時，即要考慮其廣告訴求

　　進幾年，整合行銷傳播（Integrated Marketing Communication）逐漸風行，其主要目的是要將廣告、促銷、公關、CIS多重的行銷推廣手段，以統一化的思考，期望達到相互支援、互補有無、相互融通，達到更經濟的預算，並帶來更高的投資報酬率。

　　這當初原是針對跨國性品牌，因為區域性、全球性需求而毫無限制一直飆升的廣告與促銷經費，因而扼殺了品牌的競爭力所順勢發展出來的整合行銷傳播模式；當它應用在美容店家的廣告計劃時，「整合行銷傳播」將可以大大發揮「小小預算大大效用」點石成金的神奇魔力。

　　接下來，我們就先介紹幾種美容店家較為常用的廣告方式，並依行銷問題解決法提供美容廣告實務應用的建議，並指引出整合行銷傳播的明路！以下我們要試舉例如何來規劃整合行銷傳播策略。

　　以「目的性整合」來說，以往推動一個新服務需要一款商品廣告，打折扣戰又要一波促銷廣告，辦議題活動或贊助公益活動也要推出形象廣告。現在你可以將它們整合在一起變成以下的新風貌：

某某美容課程……給妳完美新膚質

現在參加馬上享有○折超值優惠

你每買○次課程，我們再為你捐○元　完美的人幫助不完美的人

　　另外也可以「媒體別的整合」，將一個整體性的廣告活動，按不同媒體的適性分別賦予不同的傳播使命。此整合模式運用在議題行銷上效能特別顯著，以下是例子：

電視短秒數廣告強打　某某美麗選拔活動開始了

詳情辦法請見某某報或某某網站

報紙及網站出現　活動辦法及下載報名表

雜誌廣告　憑截角可至某某美容公司享○折優惠

再免費參加某某美麗選拔活動

　　以上是為了讓大家容易瞭解整合行銷傳播的輪廓所舉的假設性範例。整合行銷傳播最可貴之處，就是不去設限任何一種整合的可能性。因此，我們衷心建議你試著去發展適合的整合行銷傳播策略，或許會找到更不一樣的整合之道........

善用媒體公關增加品牌的可信度

　　因為媒體有輿論第四權的影響力，因此由媒體傳達的企業或

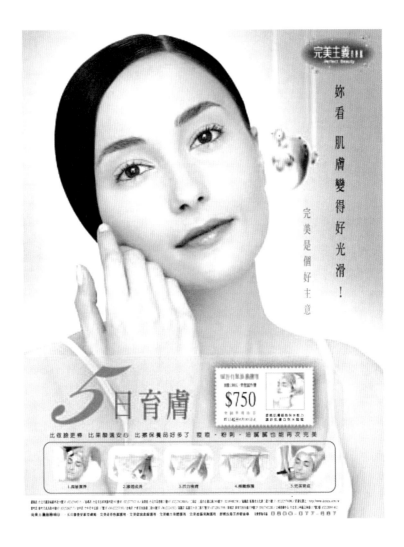

完美主義2001年電視廣告／恐龍篇30"

OS：痘痘、粉刺、油膩膩　我可以再次完美嗎？　妳也可以重新來過！　完美主義5日育膚

比作臉更棒　　　比果酸還安心　　　比擦保養品好多了。　5日育膚，培育完美新膚質

0800-077-567

妳看！肌膚變得好光滑！　　　　完美是個好主義　　完美主義美妍館

0800-077-567

商品的消息，對消費大眾而言，比較具有可信賴度。因此我們可以透過各種公共關係（Public Relations）的運作，增進顧客對品牌的信任。以下就介紹幾種適合美容店家的公關作法：

記者會

當服務或商品深具話題性，且是公眾所關心的議題，就能吸引眾多媒體來採訪報導。但如果所發表內容僅止於一般商業性消息，不建議採用記者會方式，以免訊息披露的成效不如預期的好。

電視節目專訪

有些有線電視頻道節目的內容方向，會與美容服務相關連。節目製作單位有時會邀請美容業者上節目，談論一些美容的專業資訊。實際配合上，除非是製作單位主動邀訪，通常這種上節目專訪是與廣告刊播互動相關的。

消息稿

一般刊載在報紙工商消息欄或雜誌新品新訊的各類商品消息，皆是由企業主動提供的。能通用於報紙與雜誌的消息稿字數約在150～300字之多。內容方向從新店開幕活動、課程訴求、到

議題行銷活動都可以。目前大部分媒體已接受企業提供電腦文字
檔案（doc .txt）的消息稿了。

廣編稿

女性時尚流行類雜誌及部分報紙媒體都願意配合廣告主製作
此類的內容報導。其內容都以對讀者具實用性的角度切入，深入
的傳達美容服務對消費者帶來什麼生活的好處。但需避免過度主
觀角度的廣告化意味，以免有廣告新聞化的疑慮。在內容提供方
面，可由美容店家自行撰寫後再交由雜誌社編輯潤稿，字數約從
1,000～2,000字不等，並可提供相關美容服務的圖片。

廣告刊播　成功的臨門一腳

當你企劃製作出好的廣告，準備好好來推動你的美容業務
時，別忘了在廣告會不會成功的最後一關──「媒體刊播」決策上
更要用點心。在廣告代理商或媒體集中購買公司的專業媒體服務
中，通常將廣告刊播到媒體上細分為「媒體企劃Medium Plan」與
「媒體購買Medium Buying」，其專業分工頗為精細。而對一般的美
容店家而言，要完成精準有效的廣告刊播計畫，可以掌握以下的
建議及幾點原則：

完美主義2001年電視廣告／麻雀篇30"

OS：痘痘、粉刺、油膩膩

我可以再次完美嗎？

妳也可以重新來過！

完美主義5日育膚

比作臉更棒

比果酸還安心

比擦保養品好多了。

5日育膚，培育完美新膚質

妳看！肌膚變得好光滑！

完美是個好主義

0800-077-567

完美主義美妍館
0800-077-567

媒體適性

　　該媒體是否能非常貼切地傳達我們美容服務的特質？

　　美感夠嗎？時間充裕嗎？文字性說明清楚嗎？

目標對象

　　收視或閱讀該媒體的對象是否跟我們顧客群是相似的？

88

　　性別、年齡、教育程度、價值觀、心理是不是像極了我們熟悉的顧客？

刊播期

　　你決定的廣告刊播期間夠不夠打動你未來的顧客？

　　短的刊播期間並不意味經濟的費用，長的刊播期間也未必是種浪費。

　　刊播期間的長短，是需要將該廣告訊息理解的難易、新舊等因素放在一起衡量的。

　　由於電視廣告託播（尤指無線電視與全國性衛星有線電視頻道）需要藉助一些極為龐雜的專業評估與運算，才能規劃好一份精準經濟的媒體計畫。因此，我們衷心建議美容店家如欲託播此類廣告，最好委託廣告代理商或媒體集中購買公司代為處理，一來是其提供的媒體計畫是經過科學量化的，二來也較能爭取到好的時段與更經濟的廣告價格。

D-2　店面廣告會說話

The Store Advertising Is Able To Communicate What

在思考美容沙龍店面廣告時，除了採行與一般商店賣場共通的基礎外，我們更應該把美容產業的特質放進去一起來衡量。所以，美容沙龍店面廣告至少它應該具備以下兩點的描述：第一、美容沙龍店是一個無競爭干擾的行銷空間，店面廣告印象在於展現內涵，不在於大剌剌地搶客人；第二、美容沙龍店是完成美麗憧憬的快樂天堂，店面廣告應該符合精緻、唯美、感性、愉悅的調性（tone）。

為了更瞭解店面廣告與顧客的真實互動，接下來我們要模擬一位顧客從進來美容沙龍店，到做完課程滿意的離開為止，這其中各式各樣的店面廣告所能扮演發揮的角色效用。

她，站立在街頭，對面一個寫著「美顏、美體、瘦身、SPA舒壓……」亮眼的招牌吸引她走向它，她終於下定決心改變多年揮之不去肌膚與身材的遺憾！

◇行銷事實：30%以上的顧客，因為路過看到招牌而上美容沙龍！

〔招牌〕永遠不下檔的門面廣告

在進行招牌規劃設計時，除了命名的品牌名稱要鮮明易辨識外，營業性質如「美妍館」、「美膚沙龍」、「SPA舒活店」也要清楚秀出。儘量避免如「柔情似水」、「粉紅佳人」等故弄玄虛語焉不詳的招牌，以免該來的不來，不該來的來了一堆的困擾。另外最好將你的最大賣點用簡潔的一句話呈現出來，或是將服務項目扼要的一併呈現在招牌上。如此肯定可以為你帶來更多路過的客人！

她走到店門前，鑲在銀白不鏽鋼架裡的一張海報深深吸引著她的視線，上面寫著「初秋淨白三部曲 5.6折起」。

〔海報〕告訴客人現在的美麗進行式

美容沙龍店的海報主要功能在於提醒客人，現在推出的課程重點或是促銷活動是什麼。內容應簡潔明白為佳，並注意美感的維持，儘量避免像量販店似的廉銷格調。畢竟美容客人的心可以接受價格低一點，但漂亮可不能打折的。

她進到這家散發著精油香氛、彩度乾淨柔和的美容沙龍店，親切的美容師遞上了一杯花茶，紙杯上還印著幾條纖身印象的美

麗線條與這家店的名字，令她不禁開始浮現自己完美瘦身後的曼妙身影……

隨後映在她眼前的是像極了寫真館的美麗相本。翻開一看，這家店的美顏、美體一套套課程如菜單似的開始為她編織各種完美的臉蛋、身材。

〔紙杯〕小小貼心深深觸動顧客的心

高價值的美容消費，為客人奉上一杯茶是更貼心的軟銷法。在紙杯上可印上以你品牌的視覺識別系統（VI）為基礎，並可添加簡單的美麗圖案。此行銷工具最可幫助初次顧客立即建立起對你的品牌留下好印象。

◇行銷事實：75%以上的顧客，進到美容店看過服務菜單並諮詢美容師後才真正決定要購買何種課程！

〔美容服務本子〕客人決定消費的關鍵之鑰

這一本可說是美容沙龍店的所有店面廣告裡最重要的行銷工具，其影響消費與否的比重超越你在店門之外任何讓顧客接觸到的廣告訊息。依據我們多年的美容實務經驗，我們衷心建議您一本完善的美容服務本子，應該具備以下幾個要件：

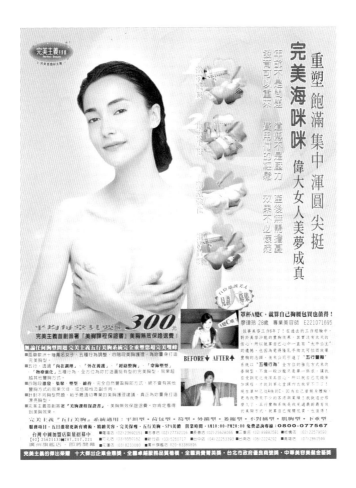

1.完整呈現你所有的美容服務項目。

2.每一款課程必須簡要提出該課程帶給顧客的好處與結果。

（例：○天完美解決膚質問題；30日纖身計畫.....）

3.課程特色以一般人都能淺顯易懂的文字說明，避免過於艱深

的美容專業用詞。

93

4.課程最好有操作前後的實證案例照片或預期效果圖象，較能強化顧客的信服。

5.各課程應該清楚標示套裝價格或單堂價格，另外預期操作日程數最好也標示。

6.如果你的品牌有得獎、榮譽、認證等事蹟，亦可加以介紹令顧客更強化信心。

7.如果你的品牌有一些獨特的理念、淵源、專業背景等等，亦可加以篇幅介紹。

〔商品陳列〕強化消費信心與襯托商品氛圍

對美容沙龍店而言，因為保養品商品的使用是由美容師專業服務代勞，顧客較無需觸摸拿取商品或直接塗用商品等需求。因此，我們建議美容沙龍的商品陳列可著重在於如何強化消費信心與襯托商品氛圍的櫥窗式商品陳列，而非如藥妝店供顧客自購自用的開架式商品陳列。不過，如你的美容沙龍另闢有自購商品區（如Home SPA），那則另當別論。

◇行銷事實：93%以上的女性，因為看了廣告上白皙到沒有毛細孔的夢幻膚質而去衝動購買美麗商品！

〔燈箱片〕幫顧客映射出她的完美渴望

印在紙上廣告的夢幻膚質都能起如此大效應，將之應用在美容沙龍店的現場燈箱片，透過燈光的烘托，我們將可預期更多的現場顧客因為那樣的美麗心理投射作用，而下定決心購買美容課程。我們衷心建議，將你的課程特色雇用專業攝影或取得合法使用版權的攝影圖片，以最完美的模特兒示範方式呈現在燈箱片上。你會發現，現場諮詢成交率無形間提升了許多。

她懷抱著殷殷的期望，刷了卡買下了一套纖身課程。現在她正躺在美容床上，開始進行課程。牆上掛著一幅似畫似字的框框藝術，簡潔的構圖中，寫意地出現幾句話：「你一定要瞭解自己的身材，把上帝賜予妳的優點突顯出來 ......女星莉拉•羅松Lela Rochon」

〔裝飾藝術〕美化店面空間兼觀念洗腦軟銷

當客人已經在接受服務你的美容服務了，你還有什麼方式可以達成其他課程的成交？除了鼓起如簧之舌推薦外，我們還有一種絕不會引起顧客抗性的傳達方式。試著去收集一些古今中外名人、哲人說過有關美麗觀點的小語，雇請創意設計家將它化成一幅幅似畫的裝飾藝術。依小語的意涵，與膚質觀點有關的陳列在美顏區、與女性曲線觀點有關的陳列在美體區、與心靈觀點有關

95

的陳列在SPA區：如此不但可美化店面空間又兼觀念洗腦。說不定，那天那位顧客就是因為其中一句獲得啓發，因而續購其他的課程喔。

她作完了課程，美容師交給她一袋回家要加強調理的纖身商品。手提袋不但設計的雅緻不俗，也很耐用，令她愛用不捨。

◇行銷事實：只有4%以下的商店手提袋，會被顧客重複使用到損壞到不能用為止！

〔手提袋〕唯有高重複使用率才具行銷意義

現在大至百貨公司小至超商，都會提供顧客手提袋。對美容沙龍店而言，手提袋在行銷上的意義應該看複被重複使用率高不高，而不在於送出去多少。因為愈高的重複使用率意味著品牌有更多的機會去讓更多的人知道。因此要規劃出好看實用又令人願意高度重複使用的手提袋時，必須要考量以下幾點：

1.結構的耐用（紙質的最好有上PP覆膜，防水較佳）。

2.設計的美感（沒有人願意第二次使用看起來粗俗的手提袋，特別是女性）。

3.設計上要結合品牌VI，品牌名稱要顯而易見，但不要大而無當。

D-3　如何知道你的廣告是否有效

　　一般店家對廣告是不是有效，通常都會直覺地看商品賣得好不好來下定論。賣得好固然店家高興；但若一旦賣得不好，大部分的人會習慣性的怪罪於廣告做得不好的原故。

　　其實一個商品或服務會不會暢銷，牽扯到許多因素。有些是廣告能夠解決的，有些則必須藉由行銷手段來改變。行銷傳播上有一句名言：「好的廣告能使好的商品更爲暢銷，但好的廣告卻也能夠讓不好的商品加速衰亡」。因此，當我們要探討廣告代理商（Advertising Agency）❶爲我們商品所作的廣告是否有效前，我們必須自問本身的商品或服務在行銷上幾個前提：

1.推出的商品或服務是不是與目前消費趨勢是符合的？台灣的行銷環境，推出太先進的商品經常會慘遭滑鐵盧，太晚跟進則吃不到市場大餅。

2.商品或服務有沒有獨特而鮮明的賣點USP？
　（Unique Selling Propositioning）。大部分賣的較好的商品，都是因爲找到或創新一個別人沒有的獨特賣點而成功。

3.商品或服務的好處是不是令消費者很容易理解的？

（感性商品特別是如此）

4.商品或服務的定價是不是跟消費者感受的價值感是一致的？

打高賣低對消費者而言是物超所值，打低賣高對消費者來說

是由失望到甚至反感的負面效應。

5.銷售通路（美容業者就是設店位置）是不是消費者容易觸及

的？不好找的店位置代表不好的來客率，不對味的商圈氛圍

更意味著來店意願的減低。

6.人員的服務是不是讓顧客感受到積極開朗的、專業的、朋友

地、舒服愉悅的？

永遠記得，任何一個令消費者不滿意的服務細節都有可能導

至顧客不願意再上門。

當以上的行銷環節是確定的且毫無疑問的，就可以來探討所
作廣告是不是算有效的了。在這裡，我們要以學理的及廣告實務
的層面來分別闡述有效的廣告。

消費行為A-I-D-A學說

美國行銷傳播學者在六、七〇年代就提出了這樣的論點，一個消費者會購買一件商品，其大腦中的思維必須經過以下四個階段：

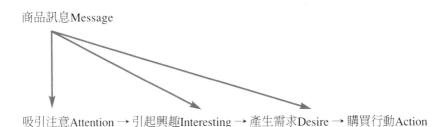

商品訊息Message

吸引注意Attention → 引起興趣Interesting → 產生需求Desire → 購買行動Action

商品透過廣告所傳遞給消費者的訊息，首先必須在眾多同類商品中脫穎而出吸引消費者的注意，然後使消費者對這商品產生興趣，繼而在心理構築起「如果我擁有這商品會變成如何美好」的自我需求。當消費者的大腦完成前三階段的思維邏輯，才會真正採取實際的購買行動。當然，這思維邏輯在某些狀況下也有可能直接從第二或第三階段開始啟動。接下來，我們就以此邏輯配合淺顯的行銷實務來解析有效的廣告。

在不衡量廣告投資量與媒體選擇變數前提下，當新商品上市（例新店開張）、新服務或新商品（例美容新課程或新保養品販賣）時，如能讓消費者產生以下行為，就算有效的廣告：

◇知道我們推出的是什麼（注意到了才會知道）

....Attention was finished

◇正確理解我們要訴求的是什麼（有興趣才會想瞭解）

....Interesting was finished

◇開始詢問有關商品服務的細節（有需求才會進一步問細節）

....Desire was finished

至於既定商品行銷（例：經營一定時間的店家）、原服務（例：原美容課程）、原商品（例：原保養品販賣），依該商品訊息出現在媒體廣告上的時間長短，消費者有可能直接跳過第一階段或第二階段或第三階段，而完成實際的購買行為。因此，當消費者透過廣告回應（feedback）的，只要有以上所說的其中一項產生，都算是有效的廣告。

○ 實務經驗說

　　一家知名國際性廣告公司在其從內部流通到外界的豐富廣告知識叢書裡，均有提到關於有效的廣告。以下是其中一篇關於有效的廣告應具備以下幾個標準❷：

　　第一個標準：廣告上說的是否如你所想的？

　　　　　　　一定要使你的廣告確實說了你要它說的話。

　　　　　　　編輯解說／如果你的服務是給熟齡美人用的，你的廣告就不該出現年輕辣妹的生活型態（Life Style）；如果你的服務有非常獨特而新穎的賣點，你的廣告就不該只是一堆喃喃囈語。

　　第二個標準：你的廣告有人看嗎？

　　　　　　　廣告必須能令人駐足觀看或閱讀或聆聽。

　　　　　　　編輯解說／該公司另有一句名言：「不要讓你的廣告創意如在黑夜裡航行無燈的船隻，沒有人知道它的存在」，這裡強調的就等同於前面論點裡的「吸引注意Attention」。一份在街頭散發的廣告傳單如果不能吸引消費者閱讀，被當做垃圾丟掉，客人又如何能來到你的店家，怎能

知道你的美容課程效果有多棒？

最根本的標準：廣告有沒有說服力？

除了形象上的廣告外，查查看廣告前後的使用折價券數量的增減；算算廣告前後來電詢問的次數增減。

接下來，我們將一些美、日、台灣各家門派的廣告Know-How加以融通，再佐以無數的廣告案例的實務歷練，為各位開出（見表2）如何確認是個有效廣告的清單。

本核對清單將可幫助你隨時檢視你的廣告是否成就為有效的廣告。我們雖不能保證，當你的廣告完全通過以上的確認檢視，一定會是有效的廣告；但如果你的廣告不符合以上的大部分要件，則肯定離有效廣告還有一大段距離！

表2 成就有效又叫座廣告的核對清單
The Check List For To Be A Great Advertisement

☐Yes ☐No 廣告上是否有清楚足以辨識的品牌名或商品或服務名稱？

☐Yes ☐No 廣告是否正確傳達了商品或服務的本質？

☐Yes ☐No 廣告是否為商品或服務歸納了一個簡潔有力的偉大承諾？
（A big promise）

☐Yes ☐No 廣告是否用了非常吸引人的創意手法來傳達商品？
（包括文字的、影像的、聲音的）

☐Yes ☐No 廣告是否採用令人愉悅、興奮、憧憬......等等能激發顧客興趣
的陳述方式？

☐Yes ☐No 廣告看起來是否深具有說服力？
（廣告所言的是合理的；廣告所談的是令人信服的）

☐Yes ☐No 廣告上使用的色彩是否是你的顧客所喜歡的？
（美容廣告通常喜清淡雅緻；忌黑詭異）

☐Yes ☐No 廣告上使用的字型是否是你的顧客所喜歡的？
（美容廣告喜纖細柔美；忌剛硬強烈）

☐Yes ☐No 廣告上採用的風格與節奏是否是你的顧客所喜歡的？
（輕快的；舒柔的；時尚的；感性的）

☐Yes ☐No 廣告上是否有供採取購買行動或進一步瞭解商品的指引？
（電話；地點）

☐Yes ☐No 廣告刊出或播出的媒體是否是你的顧客經常接觸的？
（廣告接觸深度比廣度更重要）

☐Yes ☐No 廣告刊播時段或篇幅版位是否是你的顧客最容易看到的？
（選對好時段與好版位可以讓廣告成功一大半）

☐Yes ☐No 廣告露出的次數與期間長短是否足夠讓你的顧客充分理解到廣
告內容？

D-4　廣告如何成功打動女性芳心

How To Beat Successfully Into Women's Heart

台灣媽咪「悶燒一族」要用心影響

當我們探討美容業的廣告怎麼做才有效的同時，我們也要從女性消費心理層面來剖析，它與美容市場的關連性。在一分針對亞洲婦女心理訪談報告裡，被稱為「悶燒一族」身為母親角色的台灣女性，在亞洲各國同年齡同身分族群比較中，是處於半開放、半封密的中間帶（見表3）。

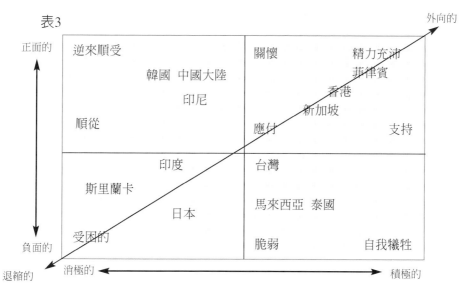

表3

如同該報告描述台灣的母親——「願意為家庭付出，但也期望……」

因為有著這麼一分希望善待自己的心，再加上女性經濟自主權逐漸的提高，不甘心扮「黃臉婆」是台灣的母親紛紛關心起「自我美麗與重視打扮」。這也是美容市場得以不斷擴張的主要原因。此觀點亦可從該報告中心靈層次的各種分析中看出，亞洲女性內心世界——

◇真切的需要是「善待自己」

◇真切的成就是「外表好看、感覺舒服」

同時該報告也歸納了，在行銷傳播上可以成功打動女性芳心的五個關鍵點，並配合編輯淺顯的補充解說，來幫助大家更容易瞭解在美容廣告上如何讓女性動心！

1.描繪她們的世界

在廣告上多多運用生活型態式（Life Style）表現手法，將你的商品訴求融在其中，這種能反映母親角色的廣告方式，將很容易搏得如同廣告中那種身分、那種生活的真實母親們的認同，進而去消費該商品。

2.結合她們的需要

試著設身處地的想想她們的深層需求，這不但會影響廣告有效與否，同時也跟美容服務的企劃是息息相關的。（例如，家庭主婦周一至周五午茶時間折扣，職業女性週末優惠等等）。

3.肯定她們的成就

在廣告中適當帶入話題，多多給予母親正面成就的肯定。她們會因受到肯定與鼓勵而更增強對品牌的向心力，無形中會為你的品牌帶來更多的商機。

4.點燃她們的野心

試舉例，如果你的美容服務可以幫助一位母親重拾信心二度就業，那你就該在廣告中帶出「當她解決了自身美的問題後，會得到如何美好的職場未來」。

5.激勵她們的幻想

最善用此微妙心裡的品牌，如幾年前中興百貨推出的「一年買兩件好衣服是道德的」廣告。當我們在構思我們的美容廣告時，不妨想想你的顧客內心的幻想是什麼，而你又有什麼美容服務剛好可以滿足此幻想。如果你能找到此微妙心理與實質消費的連結，那你肯定可以大撈一筆。

107

以上是針對已婚、已身為母親角色的女性，比較能打動她們的廣告互動研究。接下來我們要探討較年輕女性的心靈與廣告間的關係。

精靈世代新消費觀的美麗契機

從美容產業近幾年的動向來看，美容保養的需求，已經逐漸延伸至二十幾歲所謂的Y世代女性、甚至是十五歲以上的e世代美眉。現在我們就從另一份探討1967～1977年間出生的20～30歲「精靈世代」的消費者行為研究中，試著找出幾個關鍵點有關於美容廣告的新契機。

◇願意為品牌魅力而貢獻金錢給廠商

在（表4）中，我們可以看出品牌行銷對年輕的精靈世代的影響是比我們這一輩熟悉的重視商品實用價值來得有些改變的。此消費意識的改變，意味著我們除了把美容服務的內容做到最好外，也要在廣告上創造一種能使年輕女性著迷的「品牌價值」，如此我們才能爭取更多的顧客。

◇「及時享樂、養債消費、先買再說」新消費哲學

根據調查，台灣的精靈世代有35%傾向「趁年輕盡情享受，比為將來儲蓄來得重要」。而該精靈世代在1996年的調查中，就有高達35%有使用信用卡的循環信用的習慣，依此趨勢到了2002年的

表4

同意（%）	台灣	亞洲平均值
為了買自己真正喜歡的品牌，而多付一點錢是值得的。	82	54

今天，恐怕其數字應是更加飆升才是。因應此消費價值觀的改變，我們衷心建議美容店家的行銷廣告，在不違反「公平交易法」及「消費者保護法」等相關法令的前提下，應該可以試著規劃出與此「先買再說」趨勢有關的促銷辦法，以迎合消費潛力相當龐大的精靈世代。

滿足逍遙自在女追隨美感流行風

另一份2001年四月間，發布於媒體的一份「2001年成年消費族群白皮書」中，也反映了新消費意識的來臨！該報告中把台灣的消費者大略區分為「台灣牛——規律守分族」、「逍遙馬——逍遙自在族」、「黑熊——消極隨性族」三大類。其中最能彰顯新時代消費觀的逍遙自在族就占了總族群的26%，女性在該族群中擁有57.6%半數以上，分布在20～49歲間。歸納她們的輪廓描述如下：

中庸，沒有突出的個人特色，蟄伏在都會區裡，偶而追求一些生活中的美感。她們不會創造流行，也不會太早切入流行的浪頭，對流行事物是屬於跟隨者。但當看到排隊買蛋塔、巨蛋麵包、Hello Kitty、國王企鵝這種全民運動時，隊伍中也少不了有逍遙馬的影子。

109

以下兩點就是逍遙自在族在調查中反映出來，與美容較有關的想法：

1.我偶而會買一些可以讓自己更美一點的產品。
2.我偶而會買一些流行，但不太實用的產品。

身為女性產業的你，看了上面這些有關女性消費的形形色色，你想出了滿足她們的美容服務是什麼嗎？或是可以打動她們消費的廣告是？

美容廣告「輕、淡、柔、雅」色彩大趨

在一些廣告案例中，可常見到因為色彩運用錯誤而導至行銷失利的情形。特別是在女性商品領域裡尤為敏感。

人們對色彩的偏好與當地的歷史背景、氣候條件、及生活型態通常是息息相關的。在台灣，最能打動女性消費者的發燒色彩，通常與日本是相當一致的。為何如此呢？最主要是因為人種的相似度極高之故。日本女性與台灣女性有著相同的黑髮色、黃種皮膚、五官臉型比例、骨架身材；當然兩個國度社會中所形成對女性的審美觀點自然趨近一致。再加上台灣曾經被日本治理，世代承襲下來的文化觀點影響，與近幾十年間台日間經濟往來的密切，大量日本商品文化深入台灣，讓日本式的審美觀點已深植在台灣女性心中，這現象雖受歐美文化也在台灣的競爭而彼此有所消長。但跳開都市

觀點，以城鄉平衡的台灣整體觀點來看，「日本美壓過美國味」相信是短期無法改變的事實，特別是在探討美容產業的行銷現狀而言更是如此。

　　從美容廣告特定領域來看的話，其受日本影響更深。因為美容業者所販賣的美白、美胸、瘦身等美的價值觀，幾乎是延襲自日本社會對女性美的標準；這與歐美西方社會崇尚健康自然的民風是截然不同的。

　　美容廣告上所使用的色彩，我們衷心建議只要掌握以下的重點應該就錯不了：

〔輕〕當廣告上的顏色愈輕，東方女性愈能聯想到輕盈的自己。
〔淡〕廣告上淡淡的顏色，能反映出東方女性意識中渴求的夢幻白皙。
〔柔〕柔柔的廣告印象，最能表徵東方女性柔嫩膚質與柔美身材需求。
〔雅〕廣告中雅緻的色彩，如同東方女性傳承千年的溫婉特質。

　　下表（表5）是依據人們對色彩的觀感與美麗的關聯，可以供我們在評量美容廣告時的參考：

表5

色彩	美麗的關聯
正紅	熱情開朗美艷，可作品牌色，多用於彩妝廣告，美容瘦身廣告較少
粉紅	青春年輕愛情浪漫，最適合切入年輕女性訴求的色彩
粉桃紅	自信開朗行動力，可多應用在促銷訊息的設計上，增加行動力量
橘黃色系	陽光健康美，春彩妝廣告可，美容瘦身廣告儘量少用以免肌黃聯想
淡綠	自然之美的顏色，美容瘦身廣告可用於強調自然素材的訴求或SPA
蘋果綠	比淡綠多帶了活力，廣告中可傳達活潑的意境
深綠	平衡美與寧靜心境，可與淡綠相互搭配，來傳達如舒壓SPA訴求
藍綠	樂觀開朗的心境美，在美容瘦身廣告上不容易作傳達，建議少用
藍	成熟高雅之美，但也含憂鬱意味，美容廣告應用上需小心
淡藍	自由揮灑心境，美容廣告上特別能表現潔淨舒適訴求，應用廣泛
淡紫	最能傳達女性纖細溫柔婉約特質，美容、流行、美妝都愛用的色彩
紫紅	華麗美之色，彩妝廣告常用，美容瘦身廣告亦可作少量點綴應用
褐	沉靜端莊美，流行彩妝常用，但對美容瘦身廣告卻不利
黑	神秘美之色，在美容瘦身廣告上除了文字之外絕對不要大面積用
灰	單調黯然之色，在美容瘦身廣告上除了文字之外絕對不要大面積用
白	美容廣告上最經典崇高的顏色，最能詮釋純潔無瑕清新唯美訴求

折扣鼓動女人　消費天長地久

早期行銷學者在研究零售商品消費者對折扣的敏感度，得到的結論是「≧15% Sale Off」消費者才能感受到有優惠的心動力；也就是將商品打折到原價的85折以下，肯定可以號召你的顧

客來衝動購買。而折扣又最能誘惑家庭主婦型（house wife）輜銖必較的消費者進行非理性的消費。

這當初是在美國零售通路統計歸納出來的行銷通則，來到了台灣，歷經台灣經濟起飛幾十年的洗禮，卻幾乎成為所有只要具有消費力的女性同胞所共同抗拒不了的誘惑。作家季衣在《買一件好脫的衣服》一書中，非常傳神的描述出女性同胞如何每到拍賣期間，荷包就盲目失血的種種現象。她為這現象所下的結論：「我真的被催眠了！這種事情一年發生兩次，也就是夏季折扣和冬季折扣期間」。

當然這現象，我們也從居於台北流行消費指標的SOGO百貨在季末折扣期的業績變化上得到印證。2000年夏末折扣期，SOGO百貨一位經營層高階主管在接受廣播媒體訪談中就曾指出：「在一片經濟蕭條下，他們公司在化妝品、流行服飾等樓層的業績與往年同期比較，沒有受到景氣衝，擊依然是倍增成長；業績呈現萎縮的只有反映在如男士商品的樓層」。

因此，以女性同胞為訴求主體的美容廣告，更不能忽視此消費心理。多想些折扣方式，在廣告上大聲說出它的魅力，如此催眠魔力般的折扣行銷術，如果說它是對女性天長地久的行銷戰術其實一點也不為過，你總是能讓收銀機響叮噹！

113

台灣女人不想長大　撐出美容一片天

巴黎女人舉手投足間盡是性感。

紐約女人從頭到腳展露的是自信。

台灣女人緊抓著青春尾巴集體愛夢幻！

是的，整個台灣社會對美的價值觀是偏向崇尚年輕稚嫩的。台灣女人不論是社會新鮮女、適婚年紀、坐二望三尷尬期、兩個孩子的媽、四十一枝花，內心深層潛意識裡都不希望自己長大變老，恨不得自己永遠停留在粉嫩青春的十七歲。

流行趨勢作家藍絲絨曾在書中自我調侃地說道：「是否台灣女人像我，長不大又太夢幻？也許到了四十歲還要梳公主頭抱小狗布偶穿粉紅色衣服拍沙龍照？」

相信只要你是美容背景熬出頭天的，你一定深知什麼美容課程是最受到女性顧客的歡迎。仔細推敲客人做那些課程背後的動機，是不是絕對與編織「稚嫩」有關？甚至我們可以如此大膽地說，正是台灣女人「不想長大」的集體意識才能撐出我們美容業的一片天。

在瞭解了台灣女性特有的審美觀後，我們衷心建議你在美容廣告上可多加利用此集體意識，為你的顧客編織一個「青春」夢，相信必能打動顧客的芳心。

D-5 找一家好廣告代理商幫你做好廣告

To Chooses An Excellent Agency To Create Great Advertisements For You

本章中各節所談的，旨在幫助各位經營美容店家時，能很快地掌握對廣告的基礎認識；讓你能在與廣告代理商合作商討你品牌的廣告時，雙方能在共同溝通的平台上，為你的品牌共同規劃出精準而有效的廣告。

至於真正涉入廣告的實際作業，還需要仰賴更龐雜的策略、創意、媒體等專業知識與技能，才能創造出具有銷售力的廣告。這些對一家專業的廣告代理商而言，通常都能提供很好的服務。因此，此部分在本章不多作贅述。

○ 我們衷心建議──找一家好的廣告代理商來幫你做好廣告，絕對是睿智之舉

在台灣，所謂的廣告公司涵蓋面很廣，為了幫助各位迅速而正確的覓妥到適合你的廣告代理商，以下先作一些歸類，將公司登記的或宣稱或別人眼中認定的所謂廣告公司的型態劃分為（見表6）：

表6　廣告公司之型態

綜合廣告代理商	能為客戶提供從廣告企劃、設計製作、到廣告刊播的一體作業。公司規模從十幾人到數百人不等，部分大型公司甚至能提供直效行銷、公關服務、一對一行銷、企業識別規劃、網路行銷規劃等全方位的行銷傳播服務。屬於本層級的廣告公司，其營業狀況絕大多數都公開在媒體的監督下，每家公司的動態不時均可在專業雜誌中取得，其廣告專業能力均在一定水準以上，這也是編輯所衷心建議的廣告代理商。
媒體集中購買公司	匯集各客戶的廣告量，為客戶爭取更經濟的媒體刊播費用。其專業層面分為「媒體企劃Medium Plan」與「媒體購買Medium Buying」兩部分，透過科學化頗為精細的媒體各項分析，可為客戶提供有效足可預期的廣告刊播計劃。但其經營服務領域僅專注於廣告的刊播，並不負責廣告的企劃製作。此型態公司當初的源起，有些是自綜合廣告代理商轉投資，有些是外商來台設立的。屬於本類型公司的動態近年也開始收納入專業雜誌的報導範圍裡。
公關顧問公司	提供如Event事件行銷活動策畫、話題行銷、記者會、品牌媒體公關等專業服務。這類型的公司其服務比較著重於如何運用品牌、媒體、消費者三層面的互動，完成企業體預設的行銷使命。其公司動態偶爾也可在專業雜誌裡見到。
廣告設計公司SOHO創意工作室	大部分是以創意設計專長而開設的小型公司，廣告服務的品質較良莠不齊。通常只提供廣告（特別是平面廣告）、文宣品的設計製稿服務，對於行銷研究、廣告策略、及廣告影片的企劃與託播服務上較弱。但也有美學素養較優的，如浸美堂，所創作的平面廣告深受好評。
廣告影片製作公司	此類型公司是為客戶拍攝製作廣告影片為服務主體。其優劣往往決定於主導的導演本身的電影專業素養。近年來，因許多知名品牌客戶有指定導演的習慣，而逐漸形成導演遊走各家，以非內聘freelancer形態與製作公司合作來為客戶拍片的情形。此類製片公司的片源通常承接自廣告代理商，能將廣告代理商所發想的廣告腳本（Story Board）紙上概念，轉化製作出貼切生動的廣告片。
網站行銷企劃公司	這是以電腦網路科技人才為基礎的公司，專門替客戶提供網頁設計規劃、網站維護等服務。如果不是很有規模的公司，在行銷策略、廣告專業或設計美感上，通常需要搭配專業的行銷廣告人，才能製作出好看功能又強大的網站機制。
媒體廣告銷售公司	此類型廣告公司，以銷售該公司簽下或開發的媒體版面或時段為營業主體。例：公車廣告、捷運廣告、巴士錄影帶廣告時段、戶外電視牆廣告……等等。
招牌廣告社	這是台灣最早發展出來的廣告設計業。現在經專業分工後，此類廣告社通常提供戶外招牌的繪製、施工架設或燈箱廣告施工等項目。其原來的廣告設計功能大部分被專業的廣告代理商、設計公司稀釋掉了。

　　瞭解了在台灣的廣告公司生態現狀後，我們要思考的是如何可以找到一家好的廣告代理商來幫你做好廣告。廣告大師大衛・奧格威（David Ogilvy）曾經給了很好的答案：

　　這件事像沒有經過長時間的戀愛就結婚一樣，廣告代理商沒有兩家是完全相同的，總有一家比另一家對你更合適些。選擇時就好比要和它終生在一起生活那樣。

　　這位已辭世，最喜歡開清單定規則的傑出老人家，曾經寫下了──「怎樣選定一個廣告代理商」的幾條原則：

1.開列你的需要

　　編輯解說／將你行銷上面臨的問題或想達成的目標清楚的告訴對方，最好也將你所能支出的廣告費清楚的讓對方知道。別老是要廣告代理商提報給你，因為你從營業額中能提列多少當廣告費的，永遠只有你最清楚。

2.做一些準備工作

　　編輯解說／收集較符合你需要的廣告代理商入圍名單，並盡可能透過公開資訊或探詢企業界友人，先行了解這些公司。（如何接觸台灣當地的廣告代理商的資訊，將在後面另行介紹）。

3.會見你名單上的廣告公司

編輯解說／安排你心目中的入圍公司來個相談會，各家時間應錯開。讓各家廣告公司在你會議室大會師，只會讓他們隱劣揚優，這對你要找到真正好的代理商目的是不利的。另外請入圍公司指定未來實際服務你的主要核心成員來與你談，而不是由專門比稿小組指定代打，或是接洽時皆為高階主管，當時場面好看，未來卻由小嘍囉為你工作。

4.要謹慎

編輯解說／如果你請參與的廣告代理商比稿提案，你就應該讓他們都知道，你是誠心的在找一家好的廣告代理商，而不是想免費享用他們絞盡腦汁端出的創作智慧心血。當你選定合作夥伴後，別對其他落選者的創意點子念念不忘，一直想把它用在你的新廣告上：除非事前言明將支付落選者比稿費以買他的智慧財產權，或事後商請落選者同意。

5.審查你所作出的第一選擇

編輯解說／如果可行，跟你未來合作的廣告公司要一份有會計師簽署的損益表，並商議未來他們向你收費的標準。如果採行媒體佣金制計費，別要求過低的佣金比。在台灣，通常喊出比一般行情過低佣金比（通行國際的廣告佣金比是17.65%）的廣告代

理商，在策略、創意見解上都較弱。

6.最後選定廣告公司

編輯解說／奧格威的主張是在最後留下名單中的幾家廣告公司再安排深入談一次。但編輯衡量台灣的現狀，建議可省略複選直接進入決選。與你心目中最理想的廣告代理商簽約，並將你品牌商品的一切告訴他們，包括你的業績數字變化。將廣告人視同你公司裡的行銷夥伴，如此他們才能為你創作出真正可促進銷售的廣告。不要怕他們會出賣你！此地廣告人的誠實性比某些產業愛搞互探敵情的間諜行為還來得誠實多了。

好的廣告代理商創造有效的廣告，推使你的顧客心甘情願來到你店裡，令他們為你的品牌而著迷。這是你要選一家好代理商來做廣告的最好理由。相信廣告人的專業，正如你希望你的客人相信你會讓她更美麗一般。

如何接觸台灣當地的廣告代理商 ❸

1.可參閱廣告相關雜誌，此類雜誌專門報導有關廣告界動態權威的期刊。在每年二至三月均會發表有關上年度台灣各大綜合廣告代理商排行榜、各大公關顧問公司排行榜、媒體集中

購買公司現況、製片公司現狀、及台灣前500大廣告主等最新統計現狀資料。相信你應可在裡面挑選到最適合你的廣告代理商。

2.查詢各地廣告代理商業同業公會入會會員公司。而台灣的廣告重鎮大部分都集中於台北市，如果你不是特別需要限定當地代理商服務，建議你可向台北市廣告代理商業同業公會查詢。

3.開列出你認為廣告做得最好企業公司的名單，打電話向他們打聽為他們服務的傑出代理商資料（通常中型以上企業體內在處理協調廣告作業單位不外乎是廣告、公關、行銷企劃、企劃、販促部門）。但是切記！千萬不要找你美容界競爭敵手的廣告商，因為那只會削弱你的競爭力而已。

G-6 企業識別系統的建立

To Builds Corporation Identification System

所謂CIS企業識別系統，乃是指將企業的經營理念與文化，運用整體的傳播系統，透過行為、商標、符號、色彩、圖案等規劃設計，傳達給社會大眾，使大眾對企業產生一致的認同感和價值觀。

CIS企業識別系統的內涵

MI（理念識別）

MI是BI及VI的指導方針。亦即MI為戰略。BI及MI為戰術。

BI（行為識別）

透過活動展現形象，範圍廣闊，包含制度管理、活動及廣告等方向。

VI（視覺識別）

靜態識別符號，具體而視覺化的傳達方式。

CIS目標的設定

1.整合現狀和設計標準化
2.變更基本設計要素，導入視覺系統
3.導入企業訊息傳達系統
4.導入文化戰略程序

CIS企業識別系統的項目

MI（理念識別）
1. 經營信條 2. 精神標語 3. 座右銘 4. 企業性格 5. 經營策略 6. 形象策略

BI（非視覺化）		VI（視覺化）	
對內	對外	基本要素	應用要素
1. 幹部教育 2. 員工教育 3. 服務態度 4. 電話禮貌 5. 應接技巧 6. 服務技巧 7. 作業精神 8. 生產福利 9. 內部營繕 10.廢棄物處理 11.研究發展	1. 市場調查 2. 產品開發 3. 公共關係 4. 促銷活動 5. 流通對策 6. 加盟、金融、 　股市對策 7. 廣告策略	1. 名稱 2. 品牌標誌 3. 品牌標準字體 4. 專用印刷字體 5. 標準色 6. 造型、象形圖案	1. 事務用品 2. 辦公器具設備 3. 招牌、旗幟、標 　幟牌 4. 建築外觀、櫥窗 5. 衣著制服 6. 交通工具 7. 產品 8. 包裝用品 9. 廣告、傳播 10.展示陳列規劃

　　一般進行企業品牌的VI視覺識別系統設計規劃時，大部分會依（表7）中所列的類別作整體性的規劃，你的美容沙龍可參考這些歸類並選擇最適切的部分，雇請專業的商業設計師來為你作專業而整體性的規劃。

表7

基本設計要素	1.公司名稱、商品的標準字、標誌、專用字體。 2.企業造型、特質。
公司證件類	1.徽章、臂章、名牌、識別證、獎狀、感謝狀。
文具類	1.便條紙、傳真表頭、信封、信紙。
對外帳簿類	1.訂單、採購單、估價單、帳單。 2.各類申請表、送貨單。 3.契約書。
大眾傳播廣告方式	1.報紙廣告。 2.雜誌廣告。 3.電視媒體廣告、CF片尾圖案。 4.電台媒體廣告。
服飾類	1.男、女性制服、工作服。 2.有公司標幟的鞋子、傘、手提包、帽子、別針、領帶。
印刷物、出版物	1.PR雜誌、紙。 2.股票、年度報告書、調查資料報告書。
交通工具外觀識別	1.工務車、業務車、宣傳用車。
符號類	1.公司名稱招牌、建物外觀、櫥窗展示、活動式招牌。 2.室外照明、霓虹燈、大門、出入口指示、室內參觀指示。
商品及包裝類	1.商品包裝（包裝箱、木箱、小箱）、各種包裝紙。 2.各類商品設計、徽章。
待客用項目	1.洽商櫃台。 2.接待客戶用的傢俱、用具。 3.標準室內裝飾項目。 4.客戶用文具類。 5.公關用雜誌文宣。 6.公司一覽表。 7.各種促銷用視聽軟體。 8.記者發表會用資料。

註1：廣告代理商Advertising Agency
　　　其制度緣於美式的商業廣告運作機制，就是委託專業的廣告公司，來為你的品牌商
　　　品完成從廣告企劃、設計製作、到廣告刊播的一體作業。以往大部分採用支付刊播
　　　佣金制，近幾年則有漸改行企劃創意與媒體刊播分開由兩家各自專業的公司來代理
　　　的趨勢。對一般經營美容沙龍的店家而言，也有可能是小型商業設計公司或是個人
　　　SOHO創意工作室來擔負Advertising Agency的部分機制。
註2：資料出自：怎樣做廣告／Kenneth Roman and Jane Maas著／香港奧美廣告公司／1981發行／
　　　P.94-96。
註3：本篇幅中部分內容參考以下書目：
　　　• 怎樣做廣告／Kenneth Roman and Jane Maas著／香港奧美廣告公司／1981發行／P.94-96
　　　• 奧美的觀點2／宋秩銘, 莊淑芬, 白崇亮, 黃復華等著／滾石文化股份有限公司／2001.07發行
　　　• 廣告雜誌／APRIL, 2001／P.101
　　　• 顏色魔法書／野村順一著／方智出版社／2001.11發行
　　　• 買一件好脫的衣服／李衣著／朱雀文化事業有限公司／1999.10發行
　　　• 其實都不是我的／藍絲絨著／時報文化出版公司／2001.08.01發行

E

人性管理在美容

The Human Administration In Beauty Salon

經營一家美容店，我們必須任用積極進取、有潛力、向心力強的
優秀美容服務人才，並為員工提供一個適才適所的良好工作環境，
以創造勞資雙方和諧雙贏結果。

E-1　有好人才，才有好服務

The Best Service From The Best Brains

　　美容業是一個以人的服務爲本的行業。顧客的護膚效果好不好、能不能瘦身，除了商品與儀器之外，最大的關鍵就在於有沒有好的人才提供給顧客最好的服務。因此經營一家美容店，我們必須任用積極進取、有潛力、向心力強的優秀美容服務人才，並爲員工提供一個適才適所的良好工作環境，以創造勞資雙方和諧雙贏結果。

　　而美容店如何尋求到好人才呢？適合美容店人才招募的方式有以下幾種常見的方式：

1.張貼徵人啓事：適用於會計出納、美容師，因爲這個方法最具時效性。
2.登報徵聘人員：時效性雖弱，但卻很適用於高階行政人員或會計的招募。
3.員工（顧客）介紹：各級人員均適用，且具正面性。
4.至競爭同業募求人才：需評估其工作理念是否符合企業的要求。

5.校園徵才與學校建教合作：適用於助理級及會計人員，效果
　最大。

　　企業雇用人才最大的準則就是「適才適所」。美容店經營者需
要深切體認到一個好的人才，如果用之不當，就與蠢材無異，這
正所謂是天生我材必有用的道理。因此，知人善用、適才適所，
是想成功經營美容店的你真正要用心學習的功課。

E-2 給她專業，就是最好的教育訓練

當我們的美容店任用了有潛力的優秀人才後，我們更應該重視人才的教育訓練養成，讓她的職能在與企業的需求及文化相結合下，得以發揮所長為顧客提供最好的服務，為美容店的永續經營盡最大的努力。企業的教育訓練，主要的目的除了可幫助經營者更容易管理及規劃外，更可以加強員工對企業的向心力，讓員工願意全心全力的與你為共創美的事業而一齊打拼努力。適合美容店的教育訓練包括了「專業教育」和「通識教育」兩種。

通識教育的三種學習

學習認知

要求企業內每位員工，都能以謙卑的精神、寬容的態度面對工作，並遵守公司的規範。

積極學習

除了學習專業知識及行銷技巧，更要以積極的態度去學習其他與工作相關的事務。

學習共生

讓所有的主管及員工，在職場上不只追求自己的私利，更要學會與他人互助溝通，減低彼此間的衝突，培養共生的觀念及互助的團隊精神。

專業教育應考慮職位的不同而採不同的教育訓練課程。試想若對一個基層員工給與「管理階層」的教育訓練課程，姑且不論是否吸收得了，光看企業投注的教育訓練成本也就顯得成本太大了！因此，美容店的教育訓練有賴以「因材施教」，才能使得企業的資源在最符合經濟成本效益的原則下有效的應用，不但讓員工充實了自我職能，企業也因此增加了行銷服務上的效益。

除了新進人員的職前訓練外，對於任職後及現有員工的在職教育訓練也是身為美容店經營者需要持續去推動的事務。而其階段性教育訓練，需針對基層員工的階段性教育訓練及全部員工的專職專訓兩方面進行。

基層員工的階段性教育

讓新招募的人員一上班就上手的職前訓練

    1.員工公約及店內相關規定

    2.熟悉產品及服務項目

    3.實際操作的注意事項

在職訓練

    讓員工在自己的職位上，能更得心應手的發揮。

新知技訓練

    與教育中心的課程配合，提供員工得到新的知識、新的概念及新的技術，讓員工可與企業同步領先在時代的最前線。

其他訓練

    企業理念、職業道德、敬業精神、行銷能力在在都須要透過員工教育來推廣。

    就美容店的經營而言，不同部門的員工有其不同的專業技能，一個成功的「專職專訓」就是能針對員工所需要的進行培訓。技術人員的專業技能、營銷人員的銷售及行銷技巧都是需要

培訓的。不同的職位，就需給予不同的專業職能訓練課程。

技術人員的教育訓練

　　美容師的技術良窳，顧客一親身體驗過後就能分曉。而現代人選擇服務，並不會以價低便宜為消費取捨的唯一條件，相對的「感受」是新世紀消費的主張。不論是心理上的感受，還是身體的

感受，只要覺得很舒服很滿意就能博得顧客的青睞以進行消費。
因此，未來美容師的專業不再只是死板板的技術提供而已，帶點
人味的溫情關懷，把該做的美容美體程序、節奏、律動完美結合
一起，將是最好的服務品質。

打造一位優質美容師

所謂優勢是由一個人本身具有的優點所衍生的，而優質則有
賴後天的養成。如何教育養成一位優質的美容專業人員其實是有
法寶的，後面幾項（見表1、表2、表3）將指引妳邁向優質美容師
的正確之路。

主管是經營之舵，特訓給其力量的方向

主管是企業主的左右手，主管素質的優劣也相對的代表企業
的優劣。主管的能力對企業發展的影響力甚大，所以一個成功的
企業主自然少不了以各種形式來培育主管，讓其成為企業經營的
最大支柱。

主管教育訓練，可結合美容店的企業需求，來設計規劃適合
此店家的主管特訓課程。這裡所提出的則是通用性一般對主管養

表1　打造優質美容師的六種力量

親和力	這是身為美容師最基本的條件。誰都喜歡與一位平易近人、面帶微笑的人打交道。同時具有親和力的銷售人員，最大的特性就是不依對象的貧富貴賤，都能與對方平易、且深入淺出的交談。這種親和力是一種發自內在的自然習性，而不是矯柔造作而來的。
積極力	代表著樂觀進取，正確的人生觀，樂觀的人覺得顧客的拒絕是自然的。沒有耕耘，哪有收穫？所以當顧客提出質疑與問題時，都能面對問題詳細誠懇的回答。所以，當主管要求更高的績效時，員工只會覺得這是一種挑戰，是一種磨練，而不會退卻或抱怨。
適應力	這是不可或缺的基本條件，若是美容師本身沒有適應力，碰到較嚴苛的主管，可能會產生不適應的反作用，如逃避或抗拒；這樣的現象在一般的銷售部門屢見不鮮。這個社會充滿不少的暴發戶型的老闆，他們覺得有錢就是大爺，遇到美容師推銷就百般刁難、趾高氣昂。有些美容師不能忍受這種特殊的顧客，往往會拂袖而去；有的則低聲下氣，只求一份訂單。如何調適職場心情，端看個人的適應能力，是否能戰勝一切，迎接挑戰。
執行力	計畫的重要性，眾人皆知；事先規劃要做的事，及如何去做才是計畫的重點。但是，光有計畫而不執行，怎麼知道成敗？我們經常說：「你不敲門，就永遠只能站在門外，唯有敲了門，才有機會進門，也才能一窺門內乾坤。」
持續力	若是需要第100次的拜訪才會成功，代表著若你只拜訪99次，那依舊是失敗的。愛迪生發明電燈泡是歷經200次的試驗才成功，您要是奢望一次的拜訪就能成交，就能讓他源源不斷的下訂單；或是被拒絕後，就因為害怕而不敢再造訪，那你就錯了！因為這些都是沒有持續力的寫照。
學習力	活到老，學到老。只有不斷的學習，才能奠定自己屹立不搖的地位，否則在如此快速變遷的環境下，您可能在下一秒就被淘汰了。

表2　優質美容師必備的14個條件

項　　目	自我評價	自我建議
1.我是否具備專業的知識與技能？	□是□否	
2.我是否具備做事的幹勁？	□是□否	
3.我是否有充沛的體力？	□是□否	
4.我是否具備參與的熱忱？	□是□否	
5.我是否有明朗的個性？	□是□否	
6.我是否做事勤勉，不懶散怠惰？	□是□否	
7.我是否處事謙虛，不爭功諉過？	□是□否	
8.我是否有責任感，願承擔職責？	□是□否	
9.我是否有創造性，不墨守成規？	□是□否	
10.我是否和藹可親，易於親近？	□是□否	
11.我是否敏捷有效率？	□是□否	
12.工作繁忙時，我是否能堅毅忍耐，經得起考驗？	□是□否	
13.我是否具有自信心，相信自己有能力開創一番事業？	□是□否	
14.我是否具有上進心，不斷充實相關知識技能，並提升自己的文化品味？	□是□否	

表3　優質美容師服務顧客的幾項叮嚀

清潔	工作中的所有用具從蒸臉機、毛引工具，到任何器具，包括從洗臉盆、毛巾、床巾、頭巾及消毒器材、儀器，都要保持絕對的清潔。
按摩	注意律動感！按摩不能忽快忽慢，要讓顧客覺得舒適平穩。
敷面	進行時先告知顧客，髮際四週耳下都須放置面紙，以防止液態用材滴漏，拿取敷膜時要先從四週鬆動後，才能取下。
用材	以挖棒適量取用後，立即將封蓋蓋好，並放回原處。放置時應避免高溫，以免變質。
時間	時間要掌控得當，不應過長或過短。每項流程均需計時，以符合標準。

成教育需要具備的一些職能認知：

1.加強主管對自身職務的認知。

2.教育部門主管間彼此信任。

3.教育主管有超常的持久力與耐力。

4.教育主管能有組織聯盟團隊的能力。

5.教育主管能透過良性協商解決問題。

6.能為創意及理想而努力。

7.要能領導組織及具有危機處理之能力。

優質主管的五大能力：

1.要有魄力並能持續自我磨練。

2.隨時保持過人的充沛精力。

3.降低人員的流動率。

4.要能帶動全體氣氛及鼓舞士氣。

5.要能帶領團隊創造業績。

檢視教育訓練的成效

　　身為經營者，如要看出企業投資在員工的教育訓練是否有成效，可於事後追蹤學習成效，得知該教育訓練效果是否與預期效果一樣或有所差距，除了可作為下次改進的方向，也可藉此知道每個人對課程的吸收程度。以下的表格（見表4）是發給受訓者填寫回饋給經營主管，作為檢視教育訓練成效的表格。

表4

部門		姓名		職稱	
課程名稱					
課程期間	自　年　月　日　時至　年　月　日　時，計　小時				
訓練機構					

上課後，你認為在那方面受益最多？

你認為那部分內容可以應用在您實際工作中？

在你的工作中，那方面可以再加以改進？

其他建議事項：

總經理	教育中心主管	部門主管批示及評核
		□ A 極佳 □ B 佳 □ C 滿意 □ D 尚可 □ E 差

E-3 績效考核看出員工的工作實力

　　美容店在營業面對人員的績效考核，應該包括工作能力及品德兩大方面的考核。在工作能力方面可依工作知識技能、分析判斷能力、吸收學習能力、協調合作能力、責任感各方面給予評核。在品德方面則依工作態度、操守、服從度，及其他評估細項如（出勤率、顧客滿意調查表、退客率、手發DM率、回Call比率、試作總人數、試作成交率、新顧客介紹、整體績效等）給予評核。如此嚴謹客觀的績效評估（見表5、表6），將可供美容店經營者透過及時有效的方式，於每月好好仔細的評估其屬下的工作狀況，以求使營運順遂！

表5 幹部級績效考核表

					年度　　月份
姓名		職稱		部門		職等級	等　級

考核項目及觀察要點	評分範圍	自評分數	部門主管	上級主管
1.組織領導能力	0~15分			
2.業務處理能力	0～15分			
3.問題解決能力	0～10分			
4.培育部屬能力	0～10分			
5.盡責努力程度	0～10分			
6.知識與技能	0～10分			
7.操行與品德	0～10分			
8.人際協調情形	0～10分			
員工自述反應事項：				
出勤 10分	功／過／請假時數／曠職	加減分數	原始分數	總分

總經理核章：　　　　部門主管核章：　　　　直屬主管核章：

表6 一般人員績效考核表

					年度	月份	
姓名		職稱		部門		職等級	等　級
考核項目及觀察要點			評分範圍	自評分數	部門主管	上級主管	
1.業務處理能力			0〜15分				
2.問題解決能力			0〜15分				
3.分析判斷能力			0〜10分				
4.盡責努力程度			0〜10分				
5.知識與技能			0〜10分				
6.操行與品德			0〜10分				
7.工作意願程度			0〜10分				
8.人際協調情形			0〜10分				
員工自述反應事項：							
出勤 10分	功／過／請假時數／曠職			加減分數	原始分數	總分	

總經理核章：　　　　　部門主管核章：　　　　　直屬主管核章：

E-4 榮利共享，留住人才

優秀的人才是企業的重要資產，值得珍惜。善待員工與員工共榮共享，即能得到強而有力的向心力及共識，千萬不要因為自私自利而失去如此寶貴的資產。唯有能與員工「榮利共享」的經營者，企業才能永續經營。這是我們經營美容店所必須有的認知。

經過人事招募進來的人才，身為經營者應該重用其可用之才，讓好的人才能為企業全心貢獻，這是「留住好人才」的經營哲學。在實務上想要留住人才，可從經濟和心理雙重層面著手。經濟層面應該要給員工合理的報酬。除此之外，還要建立一套激勵鼓舞的制度，讓員工之間有良性的競爭；如此一來，員工除了收入增加外，更能提升工作價值；對公司而言，也提升了業務拓展的更大空間。另一方面在心理層面上，身為企業經營者及部門主管，應密切且充分的和員工保持聯繫，真誠對待每位員工。讓員工覺得受到重視，也讓員工對企業產生認同感。尤其當企業經營成功時，應該要有與員工一起分享的胸襟，將之視為是全體員工的共同成功。也只有與員工共享成功的經營者，員工才願意無私的與您興衰與共。

E-5 如何降低人員流動率

　　每個經營者都希望能留住優質人才。老闆能炒員工的魷魚，相同的員工也可以撒手不做。面對員工的離職，特別是能為公司盡心的、有潛力的好人才，身為經營者應該分析出其離職成因，並予以適當的因應。

一般基層人員離職的原因及因應之道：

原因	因應之道
1.學不到技術	要瞭解員工的需求，依人員吸收狀況調整及督導其技術之教學內容。
2.不能適應	要瞭解不能適應的原因逐一為之排除並再給一次機會。
3.工作時間太長太累	瞭解是否因太累而導致疾病，應協助員工就醫，使其改善身體狀況並給予鼓勵。
4.人際關係不良	瞭解其原因，導以正確觀念，並鼓勵其他人員接納他。
5.體質虛弱	瞭解是否真的不適合此行業再行處理。
6.業績太差	瞭解是個人問題，或是店務問題，再從旁協助拉升業績。
7.上司不公	分析其實際狀況，瞭解原因，並排除問題。
8.考試沒通過	分析沒通過的因素，並給予鼓勵，讓其能原地爬起，不畏挫折，堅持理想繼續努力。
9.其他	透過面談、溝通、安撫，給予最佳安排，或請其他人面談。

幹部、主管離職的原因及因應之道：

1.結婚	另一半希望他辭職。極力說服雙方，或安排至較近店家。
2.生產	相夫教子自己帶小孩──成本效益分析並極力說服。
3.業績差	協助訂定目標改變方法再衝刺。
4.壓力太大	分析壓力來源，逐一排除。
5.其他	透過閒談、溝通、安撫、激勵，或請上級主管面談。

從人性的五大需求層次，看人員的流動問題

經濟學大師馬斯洛曾提出人性需求理論，闡釋人的各種需求有高低層次，從生理滿足、安全感、愛與被愛、成就感、自我實現等五個層次。唯有滿足較低層次的需求，人才會逐步往上追求更高層次的需求。經營美容店，必然免不了一定會面臨人員離職的流動問題。但如果我們以馬斯洛需求理論來看待員工的流動問題，相信應有更正確的觀念及更好的因應方式。

**被尊重
及成就感**

當企業讓員工感到被尊重時，員工們自然願意配合企業的目標前進。同時，企業應保持內外的升遷管道通暢，以鼓勵並且肯定員工對企業的付出，使其有成就感。

人際關係

企業體之公共關係良好，可增加工作愉悅的情緒，也容易凝聚企業團隊的向心力。而且在良好的企業環境下，員工才能更自然而然的，將良好的人際關係發揮在日常生活中，而有利於企業推廣優良形象。

社會地位

企業知名度可提高員工社會地位。員工因企業的成就及個人的專業知識及技術受到肯定，社會地位也因而提昇。反之，若一個企業無法提昇員工的社會地位，員工可能因此喪失對工作投入與熱忱，久而久之，離職只是早晚的問題罷了！

收入

舊有的觀念認為，只有降低人事成本，才有可能獲得較高的利潤，但若換個角度想，運用高額的業績獎金增加員工的收入，相同的不也提高了企業總體營業額，這樣雙方都有利的情形，不更令人滿意嗎？若是企業無法提供員工滿意的薪資，員工可能會因為經濟壓力，而轉換工作。

成長

需檢視企業體或店家，是否能創造讓員工不斷成長的空間？是否能在員工面臨工作瓶頸的時候給予支援？例如：可定期安排相關性質的美容專業技術、銷售技巧等課程。若是無法提供這樣的成長空間與支援，則可能會面臨到員工因倦怠而離職、流失人才，唯有提昇員工的素質，才能提高企業的服務品質。

E-6 自治公約創造和諧工作氣氛

　　美容店的營業運作要正常，工作氣氛要和諧，最好能與所有工作同仁共同約定自治公約，讓所有人員共同遵守。

　　同時在製訂自治公約時，應詳細考慮人員的行為準則及工作規章內容及條文，以利大家共同遵守一定之規則。如此將能創造和諧的工作氣氛，並強化工作效能。以下是較適合美容店自治公約的範例，讀者可參考此條例再衡量店裡的實際狀況訂出適合的辦法。

○ 自治公約之行為準則

　　1.上班時間可播放輕音樂之錄音帶。

　　2.開會時服裝儀容應整齊清潔（包括鞋、襪、化妝及盤起長髮）。

　　3.上班時間不可在梳妝台前補妝、梳頭。

　　4.值班時間不可在櫃台吃東西、補妝、看小說：離櫃時務必找人交接。

　　5.諮詢者接諮詢電話須登記於電話統計卡。

6.顧客更改或預約時間須填入預約表中。

7.上班時間內不可接聽私人電話。

8.接待電話須傳達訊息或填入電話留言本

9.不可未經報備使用私人電話。

10.值日工作應每天準時妥善完成。

11.報章雜誌閱畢應歸回原處。

12.客人在櫃台時值櫃人須起立。

13.上班時間內不可坐在客廳沙發。

14.應請顧客將物品自行放入保險箱。若私自答應代客保管則
　　應善盡職責，若不慎而導致遺失者，由該名員工自行負責
　　賠償。

自治公約之工作規章

1.收據須仔細填寫清楚，若估價錯誤導致多收或少收皆照價賠
　償。

2.收據或收據連號須填入預約表內。

3.顧客資料須填齊。

4.顧客簽到表上須填明服務項目。

5.服務顧客須攜帶計時器，並隨時告知顧客服務時間。

6.應為顧客拍照量身。

7.每天應電話追蹤三位顧客。

8.作完顧客應仔細收妥工具。

9.取貨應作登記。

10.販賣化妝品應作登記。

11.操作時須用統一手法、流程及時間，不可擅自更改。

12.店長只可保留規定之零用金，其他每日所收款項須匯回總公司。未依規定執行者，除負此風險外並接受懲處。

E-7 美容店的服務管理

健康和精神面貌的管理

美容店通常於每日開早會，身為管理者可藉此機會觀察每個人的氣色，透過打招呼的方式表達對員工的關心。同時記得在早會中，一定要給予員工進行慰勞和鼓舞士氣，如此不但工作士氣得以提昇，也會增加工作效能。

代理人制度的建立

唯有建立好代理人制度，工作才不會因個人請假或他務而讓工作的推展有所停頓。良好的代理人制度，在當事人暫時不能進行工作時，應做到清楚交代，例如，對方代替負責的時間、代替執行的工作內容、告知處理特殊事項的辦法及告知對方與自己聯繫的方法。

人性化管理

真正的人性化管理境界，其實在東方社會並不是很容易辦到

149

的，但身爲管理者仍應盡全力朝此目標前進。例如，瞭解部屬每天的狀況，洞察部屬的能力、幹勁、願望等具體情況，留意其工作情形。並排除私人交情因素，盡力做到一視同仁、公平對待的客觀公正。對屬下好的表現應該全力做到揚善，在大家面前公開表揚員工，以提高其信心及肯定其能力。而對於有過錯的員工，則應幫她找出錯誤的原因，消除錯誤，並以溫和寬容態度勸告，請其不要再犯類似錯誤，這就是以教育的方式對待出錯的員工。另外也可以客觀忠告的方式，認眞誠懇地給予忠告。管理者如果能經常愛護、鼓勵及慰勞部屬，相信必能贏得屬下的信任，並願意爲團隊的目標盡心努力。然對於屬下如果有道德敗壞或傷害他人人格的行爲，則絕不可姑息。

正確的人事懲戒

在經營管理上，如果人事懲戒不能做到平和公正，很容易導致人事紛爭。因此當屬下有過錯要實施人事懲罰時，應該自己先保持冷靜的態度，把問題問清楚，並檢查相關紀錄以掌握事實，查閱適合於該項問題的規章和慣例，並充分瞭解當事人意見和心情。

當妳根據事實進行比較考慮後，再決定最適當的處理方式。

這包括了全部的事實，衡量人的互動影響，並對照規章、方針、範例及評估可能產生各層面的影響，最後再作最好適當的處理方式。

當進行人事懲戒處理時，需要特別注意到幾點，例如是否由自己獨自處理，或由上司、相關部門協辦。想好適當時間和場所，以最自然的態度及方式處理，不要繞圈子，談話時也不可以嘲諷挖苦的口吻，應明確指出問題所在。多站在對方立場引導，並讓對方知道人事懲戒的處理並不是為了要指責過去，而是要讓今後工作能更好、更順暢。因此能喚起改過自新的決心，使其振作起來，充滿熱情及積極的態度，才是人事懲戒的最高境界。事後並應留意當事人在工作時間，部屬態度和人際關係上出現的變化，來確認人事懲戒的正面或負面成效。

F

管好財務才會成功

The Well Management Of Finance Would Just Succeed

經營美容店會不會成功，除了專業的技術與服務外，

最重要的是要有非常建全的財務管理。

好的財務管理及分析不但令妳美容店利潤豐碩，

更可為妳的美容店迎向永續經營之路。

F-1　讓數字說話

Let The Arithmetic Figures Talk

要做好美容店的財務管理而言，我們建議可以用以下幾點來作評估：

資本周轉率的掌握

店開幕第幾個月之後營業總額才能與總投資額相當呢？如果超過一年的話，會不會發生資金周轉上的問題呢？合理的周轉率應該如何估算？

同業相較之下，美容服務業的資本周轉率應為以25%為基準，若此時投資資金為200萬，以同業水平25%估計，每月的目標額為200×25%＝50萬，若每個月都達到這個標準那麼200／50＝4，即表示你一個資金周轉循環為4個月。

自有資本的比例

經營的安全性和此比例有絕對的關係，如自有資本比率過低，將會造成營利都被利息給吞掉了！要增加營運的安全性，就

要逐漸增加自有資本佔總資本額的比例，其比例愈高，風險就愈低，於自有資金從何而來可以實施員工創業或是員工投資及加盟連鎖計畫……等。

投資生產力

營業額對投資額的比例，比例愈高經營效益就愈高，如果以同樣的資金開店投資，同業的營業額是100萬，而你只有達到50萬，那就表示你的經營能力還有相當的差距，若想提昇至與同業具有相當的水準，那你就得對相關的要素好好的審核是你的店面地點不理想？你的產品訂價太高或太低？你的服務不夠好？你的專業技術尚有不足？找到問題所在才能解決投資生產力不如人的窘境。

投資報酬率的評估

每個投資人都希望能下對注，將資金投注在會賺錢的行業上，利潤對於投資額的比率愈大，表示這個行業大有可為，但是投資報酬率絕不是一成不變的數字，你千萬要睜大眼睛。若你投資資金為200萬每個月淨收扣除淨付的淨利為$50,000，你的投資報酬率即5（萬）／200（萬）=2.5%（月），如此一來你的年投資

報酬即2.5%×12月30%（年），也就是說你一年淨利的估計值是200萬×30%=60萬。

BEP損益平衡點

什麼是固定成本（費用）？什麼是變動成本（費用）？利潤又是如何產生？達到損益平衡點時，你的收入恰好等於你必須支付的所有成本，所以BEP是你業績經營的最基礎目標。

員工的個人生產力、薪資產能及貢獻值的估算

上述三項均能表示員工產能管理的績效如何？瞭解員工個人生產力薪資產能及貢獻值更有利於你總體生產力的提升，公式即：薪資貢獻率=業績利潤／薪資支出。

F-2　美容店財運八點發發發

The 8s Of Beauty Salon's Money Spinner

　　精於「計算」是任何規模再小的美容店經營者必須確實地重視「經營數字」，這些數字與現今的社會中所表達的意義是行為事實在數量化後的資料與情報。然而檢視這些數字之後，你可以「解讀」其中的缺失，在觀察數字間的平衡關係之餘，即能懂得如何下判斷的能力。如果各位能重視這些數字的演化過程，相信也必能磨鍊出所謂的計算感。不必將經營想像的太難，換言之，即為「多銷售一些，穩賺不賠，資金周轉順暢」。

○ 營業管銷費比率是否偏高

　　經營上的財源並非由總營業額的多寡來決定，而是由「毛利益的成果、分配」產生的，就算營業額非常高，若是毛利益額不足的話，也一樣沒有任何利潤，這在經營上就呈現出破綻，因此無論如何營業額都必須在有利潤的情形下去獲得，否則一定會遭遇「賠了夫人又折兵」的結果。

利潤收益額不足的原因在那裡

利潤收益額是從事經營活動而獲致的財源工作，倘若投注了所有心力創造成長的業績，最後得到的利潤如果不足的話，真不知道是為誰辛苦為誰忙，因為利潤收益額太少，卻徒增店內的開銷，自然就無法計算多少利潤。

改變銷售的方法即可改善毛利率

許多人認為毛利率低的原因在於購入成本過高，其實不全然為主要因素，因此如果經由分析顯示來探討，你就可試圖去改變每一項商品的毛利率，或是每一種銷售管道經營而來的毛利率。因此其改善重點還是最好以店內整體的業務狀況、體制為主來進行改善毛利率的可行性。

應該增加營業額的觀念

營業額即是數量×單價的結果，如果商品單價相同，賣出的數量愈多營業額就愈高；相同地，銷售數量不變，單價愈高則營業額也會隨之提升。如何能使營業額增加的策略，不妨在腦海中思考這個簡單的構造，相信眼前你已經浮現出一個具體的答案

了，例如：如何使顧客人數增加？如何使顧客購買單價較高的產品？如果時常思考這些問題相信必能提升營業額的關鍵。

資金操作是否確實安全亦指庫存管理的重要性

即是縮短資金負擔天數的操作目標，在銷售活動的過程中產生的資金動態交替金，就是所謂的資金負擔，具體而言就是採購、庫存、應收帳款回收過程中，公司的現金周轉金額的額度多寡，因此在檢討內容之際最具效果的方式，即為檢視預支能力，此時的指標就是瞭解「資金的流動比率」（見圖1），此一比率可根據短期資產及短期負債的平衡狀況來瞭解，求得是否建全的狀態。

○圖解：流動比率＝流動資產／流動負債×100%（資金負擔）

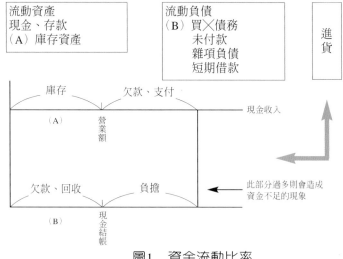

圖1　資金流動比率

自有資本率太低就無法擴大營業

自有資本就像公司的基礎體力，多寡與否都會直接地影響經營運作，因此不得不去瞭解，更必須正確地去認識它，才能掌握理想的資本構造，進而踏出第一步。經營中必要的運轉資金，除了日常使用的經費外，可由「平均每月營業額×資金負擔月數」的公式得知，例如，資金負擔為35天（1.16個月），平均營業額（月）為100萬元的話，必要運轉資金則為116萬元，如果平均每月營業額增加的情形下，必要的運轉資金也隨之以幾何級數方式成長，若是無法逐漸增加運轉資金，那麼想要提升營業額也就不太可能。因此自有資本的提撥供給，想必是非常重要的必備動作，所以為了要使資金操作更為順暢，就必須增加實際的運作資金，亦指自有資本一增加，負債的金額自然能夠減少，因此在經營者本身就必須確實掌握其重要性。

成長有別於膨脹

如果經營時不繼續成長，那麼存在的價值有何意義？但是單就營業額增加而認定是有益於成長的現象，這也不一定，因此必須留意「在穩定中求發展」的原則，然而在成長的過程中，必須

靈活運用其資源，方能達成營業額增加的目標。在此不僅是留意營業額的成長而已，而是隨著營業額的增加、管銷費用增加，資產、負債、資本也會產生變化，因此與其他要素的互動現象紛紛出現時，就應該要隨時注意經營方面的穩定性，以求取各項因素之間的平衡。營業額成長的多寡，如果無法取得成長的平衡，即稱不上是健全的經營，因此必須瞭解及避免此種之現象的發生，才不致於造成實際上並不是成長，而是一種膨脹的產生，可能招致敗亡。

是否個別評估營業額的增加率

維持現狀就是衰退，因此必須要求成長，更不可有滿足現狀就好的心態，即使是當期的結果還不錯，若是下月份的狀況很糟的話，那還是不行，經營者不能有「隨機經營」的心態，必須確立成長的策略步驟，因此目標管理分析資料即是每一個經營者必須相當具體的規劃及掌握。如果能清楚瞭解原因，必能明確採取手段及方法，而能確保今後營業額增加繼續成長的戰略高手。

F-3 自我管理診斷，預防經營危機

○ 為什麼需要自我管理診斷

　　當今社會經濟顯著變化，美容院需要配合情勢變化營運，另一方面針對週邊環境的變化，把握情勢，並確實瞭解自己的實況是非常重要的情事，因為如果不能「自我瞭解」，在怎麼知道外面的情勢也是枉然。事實上，一般經營者很少詳細估算自己營運內容有多少的利潤，應該推動那些促銷活動？更多的經營者很少有機會檢討自己是處於什麼情況，在這裡我們就給大家介紹自我診斷、定量分析的方法，做一次自我檢討的簡便方式。

○ 自我管理診斷前應準備的資料

營業管理報表	（見表1）
營業收入登紀本	（去年度與本年度的營業收入比較）
營業費用登紀本	（可以明瞭全年或全月費用即可）
來店顧客登紀本	（去年度顧客人數以及現在的顧客人數）

表2　基礎數據圖表

(1)	去年度營業額	元	基礎數數平均值結果	營業成長率	(2) / (1) ×100	％
(2)	本年度營業額	元		營業額對營業利益率	(2) ～ (3) / (1) ×100	％
(3)	費用合計	元		顧客人數增加率	(5) / (4) ×100	％
(4)	去年月平均顧客人數	元		美容椅每月營業額	(2) / (6)	元
(5)	本年月平均顧客人數	位		每人員每月營業額	(2) / (7) ÷12個月	元
(6)	美容椅床數	張		每坪每月營業額	(2) / (8)	元
(7)	員工人數	位		顧客平均單價	(2) /12 ÷ (5)	元
(8)	店面面積	坪				

自我管理診斷的解析與檢討

　　就基礎數據圖表項目（1）～（8）項加以檢討最後合計其評估價值做綜合判斷。根據前述（1）～（8）項數據與各項平均值水準的數值對照之下，可確實檢討自己的店況。

營業收入成長率的判斷

	+2	+1	0	-1	-2
營業收入成長率	25%以上	22～24%	19～21%	16～18%	15%以下

※營業收入成長率，是作為觀察本年度銷售成績，是否較去年度上升的比較。一般而言，隨著物價指數的上升，必造成費用增

加，因此必需考慮提高營收以利店況發展，只要依現況顯示成長率約15%，便可確保營收平均的水準，但是爲提高生活水準，令員工滿意，不妨超出20%的數值是較爲理想。

營業額對營業利潤

	+2	+1	0	-1	-2
營業額對營業利潤	15%以上	12～14%	9～11%	6～8%	5%以下

※根據考察多數美容院顯示，實際情況指標，營業利潤平均占營業額約8%~12.8%之平均值。

顧客人數增加率

	+2	+1	0	-1	-2
顧客人數增加率	121%以上	116～112%	111～115%	106～110%	105%以下

※如果營業額增加，但顧客人數卻減少時，美容院的經營能力將受質疑。一般由於固定顧客人數每年有減少10%的傾向，故應拓展10%的新顧客以平衡去年度流失的固定顧客人數。因此欲使美容院經營更加發展，必須具備超出年10%的開拓力。

美容椅每一台的營業收入

	+2	+1	0	-1	-2
每台美容椅的營業額	20萬元以上	15～20萬元	15～14萬元	14～12萬元	12萬元以下

※美容椅台數應以美容床與指壓床等全部床數計算出，因此以兩者相加合計再除營業額，即可算出平均商數（據統計平均值爲6萬元），所以現場人員少於設備內容時，此數值將降低時顯示設備未能充分的運用。相反地人員多於設備時，美容椅每一台營業收入應將增加，但是這只是一個參考數值，因此應再以相對的人事費用來觀察，尤其欲觀察美容院運轉情況時，此數字可以做爲參考標準。

每人員每月營業額

	+2	+1	0	-1	-2
人員每月營業額	18萬以上	18～15萬	15～14萬	14～13萬	13萬以下

※員工每人每月平均營業額，依立地條件及顧客階層的差異而有所不同，但仍有不少美容院克服不利的立地條件獲得良好的營業收入。因此依一般營業額內占人事費用約爲35％～40％，由此可見每人營業額收入約需15萬元左右。

每坪每月營業額

	+2	+1	0	-1	-2
每坪每月營業額	15萬	15～10萬	10～8萬	8～6萬	6萬以下

※前項（4）是用於觀察美容設備的周轉率，本項則為觀察店面是否有效運用而設定的，雖然是判斷美容院經營效率時不常用的數據，但由於土地、建築物的價值波動較大，故應加以重視。多數美容院平均為2.5～4萬元左右，都市附近一般約為5～10萬元。

顧客平均單價

	+2	+1	0	-1	-2
顧客平均單價	3萬以上	2萬～3萬	2萬～1.6萬	1.6萬	1萬以下

※銷售產品及課程是美容院最主力的商品，美容院一般以單價較高的課程推動較多，當然產品的銷售也是不容忽略，因此愈是服務技術優良的美容院，由於此緣故顧客續購機率就愈高，因此生意好的美容院儘可能保持在課程銷售占60%、產品占40%。顧客平均消費單價至少維持在2萬至3仟元以上才能維持平均水準。

自我管理診斷的評價方法

　　將上述各檢討項目整理成一覽表以供檢討之用。即下次檢討時可參考此表，即可暸解美容院的營業狀況。現在我們將利用本表的結果，提供（圖2）評價出S店圖例，以便更清楚知道其結論如何。

圖2　評價方法：（S店例）

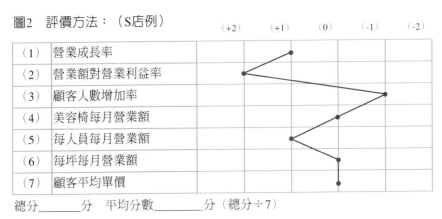

		(+2)	(+1)	(0)	(-1)	(-2)
（1）	營業成長率		●			
（2）	營業額對營業利益率	●				
（3）	顧客人數增加率				●	
（4）	美容椅每月營業額			●		
（5）	每人員每月營業額			●		
（6）	每坪每月營業額				●	
（7）	顧客平均單價				●	

總分＿＿＿＿＿分　平均分數＿＿＿＿＿分（總分÷7）

（總分評價）

（＋）10分以上　　　　　　優異
（＋）6-9分　　　　　　　頗優良
（＋）0-5分　　　　　　　優良有待努力
（－）1-5分　　　　　　　必須有待努力改善
（－）6分以下　　　　　　急須立即改善

掌握美容店的經營方向

由前項評價圖表認識經營美容店之優劣後，必須再依圖表3的10項問題回答YES或NO，雖然各問題都很簡單，但卻暗藏發掘缺點的玄機，所以不論回答YES或NO，應參考表列各項對策掌握今後發展的方向，答案如果是NO就必須急須改進，答案是YES也不能沾沾自喜，而應按表列對策採取進一步的行動。請依（表3）美容院經營檢討表進行。

美容店的經營綜合簡易判斷法

美容院簡易診斷檢討表（見表4）、計15題項目，表示評價優良──普通──低劣，有A～E格給分與標準，最後由總分數檢討美容院的經營情形，此表經過許多經營老板們的測試，在實際運用上非常簡便，可在短時間內檢討店況，頗受觀迎，值得特別介紹。以（表4）的評價基準總分數的評價方法，可提供給老板們做檢討自己店況的參考。

169

　　美容院簡易診斷檢討表（見表5）是為美容院自我診斷而設計。（1）請先依照圖表內檢討項目檢討立地標準條件，同業競爭店面動向、固定顧客增加狀況等之瞭解，進行分數圈選動作。（2）圈選給分後，再依照每格給分計算總分數合計。（3）再以總分數÷12項=平均分數（視結果瞭解是否力求改進）。

　　經營檢討年報表（見表6）及經營分析表（見表7），則是更進階的深度分析法，可供參考。

表1　營業管理損益報表

店　　　　　　　　年

	月份		一月	二月	三月	四月	五月	六月	合計
	目標								
	營業成長%								
	會計科目（項目）								
(1)	收入合計								
		營業收入							
		銷貨收入							
		其他收入							
	銷貨本成								
		期初存貨							
		本月費貨							
		期末存貨							
(2)	費用合計								
		薪資							
		獎金							
		耗材							
		文具印刷							
		清潔費用							
		郵電費用							
		水電費							
		修繕費							
		稅捐							
		利息支出							
		差旅費							
		捐贈							
		雜項支出							
		租金費用							
		折舊費用							
		廣告費							
		福利金							
		伙食費							
		訓練費							
		勞務費用							
		保險費							
	營業外收入								
	淨利（損）								
(3)	營業利益率								
	投資報酬率								
(4)	顧客人數		人	人	人	人	人	人	
(5)	美容床張數		張	張	張	張	張	張	
(6)	員工人數		人	人	人	人	人	人	
(7)	店坪		坪	坪	坪	坪	坪	坪	
平均值結果	顧客人數增加率								
	美容床每月營業額								
	每人營業額								
	每坪營業額								
	顧客平均單價								

171

表3　美容店經營檢討表

	問題　→	YES店的對策	NO店的對策
Q1	有無擬定美容院全年目標發展計畫？	達成目標。未達成目標則分析原因、結果。	設定簡單的目標計畫擬定法。
Q2	價格是否點理？	與同業相比，有無收集情報、研究。	就價格體系、服務、店面形象等加以檢討。
Q3	有無提供顧客充分的美容諮詢、技術諮詢？	檢討有無反映於店務營運。	研究諮詢推銷法及顧客服務技術。
Q4	有無確實整理運用顧客登紀卡、美容處理記錄？	檢討有無運用於顧客服務。	研究簡單整理的方法。
Q5	有無把握流行服飾、美容情報，並反映給顧客服務？	運用新情報，為顧客提供諮詢。	認真閱讀有關服飾情報的美容雜誌。
Q6	有無定期舉行美容研習？	檢討技術學習狀況。	編定有計畫的課程。
Q7	是否有計畫的進行廣告活動？	檢討廣告效果。	進行有系統的廣告活動。
Q8	美容機器、美容材料有無確實整理維修？	確實檢查其機能。	就不當部分有計畫整理準備。
Q9	家計與營業會計有無分別處理？帳冊有無整理妥當？	檢查會計內容是否妥當。	先設計簡單的帳冊，研究記帳方法。
Q10	是否有計畫地辦理員工教育、福利、技術研究等？有無確實遵守營業規則？	徹底瞭解營業規則，善於運用。	制訂起碼的基本營業規則。

表4 美容店簡易診斷檢討表（綜合）

檢　討　項　目	評　　分				
	A	B	C	D	E
1　有無擬定全年目標計畫？有無達成某種目標？	10	8	6	4	2
2　是否採取適合美容院立地環境的價格體系？服務費的設定會不會不合理？	5	4	3	2	1
3　有無為顧客確實提供美容諮詢？有無研究提供有關流行的諮詢？	5	4	3	2	1
4　顧客登紀卡、美容記錄檔案是否確實整理妥當？有無隨時檢討內容，使反映於經營活動？	10	8	6	4	2
5　與同業競爭店相比，店面形象是否遜色？有無講究店面季節性裝飾？	10	8	6	4	2
6　有無把握美容資訊、流行資訊？有無利用資訊與顧客取得聯繫，掌握顧客動向？	5	4	3	2	1
7　是否有確實計畫研究美容技術？有無積極參加外界研究會？	10	8	6	4	2
8　是否有擬定廣告計畫？是否經常注意顧客對廣告之反應？	5	4	3	2	1
9　對顧客之服務是否周全？有無隨時檢討服務態度，聽取顧客之意見？	5	4	3	2	1
10　員工穩定性是否良好？有無進行提高穩定性的溝通對策？	5	4	3	2	1
11　有無確實進行員工技術服務教育？有無計畫目標？	10	8	6	4	2
12　使用美容機器有無確實保養？有無污損的情形？	5	4	3	2	1
13　美容材料進貨是否有計畫管理？有無滯銷商品？	5	4	3	2	1
14　營收及費用之相關帳冊有無確實整理？是否隨時檢查？	5	4	3	2	1
15　有無擬定全年利益計畫？有無達到某種程度？是否因而增加資產？	5	4	3	2	1

評價基準	A:非常良好 B:稍好 C:普通 D:稍差 E:相當差（不符合者以C論）	總分數評價	100～80分 非常優異 79～60分 頗優異 59～40分 大致及格 39以下 需要檢討	總分數	得分　　　　分
					評價

表5 美容院簡易診斷檢討表

檢討 項目			5 良好	4 稍良好	3 普通	2 稍不好	1 不好	給分
1. 立地	1	立地環境	（150店以上）大型商店街	（100店以上）中規模商店街	（50～60店）一般商店街	（約30店）小規模商店街	單獨店面	
	2	同業競爭動向（半徑500m）	2家以下	3	4	5	6家以上	
	3	顧客增加比率（與上年度比較）	16%以上	13～15%	9～12%	6～8%	5%以下	
2. 店面	4	店面形象（與同業比較內外裝潢）	良好	稍良好	普通	稍不好	不好	
	5	整體美容椅	10台以上	8～9台	6～7台	3～4台	3台以下	
	6	店面設備	現代化	稍現代化	普通	稍老化	老化	
3. 生產力	7	每人營業額（每月平均）	18萬元	18～15萬元	15～14萬元	14～13萬元	13萬元以下	
	8	營收成長率（與上年度比較）	25%以上	22～24%	19～21%	16～18%	15%以下	
	9	營業額對營業費用比率	32%以下	33%36%	37%～40%	41%～44%	45%以上	
4. 基本	10	每年參加技術研習會	9次以上	7-8次	5-6次	3-4次	2次以下	
	11	員工穩定率	良好	稍良好	普通	稍不好	不好	
	12	每年保留資金	100萬元以上	100～90萬元	90～80萬元	80～70萬元	70萬元以下	
備註	1.不符合、不詳、無法判斷時，以「普通」評價。 2.平均分數標準和判斷如下： 　3.6分以上→相當良好 　2.6分以上→普通 　2.5分以下→應謀求對策以求進步。				總分數			分
					平均分數		判斷	

表6 經營檢討年報表

年度：　　　　　　　　　　　　　　　　　　　　　　填表人：

項目	問題	檢討與評分	原因與對策
營業利比率	營業淨利比率是否達到預期目標？ 預期目標： 實際數據：	□超過 □達成 □未達成 評分：	
營業淨利成長率	營業淨利成長率與營業淨利比率是否達到預期目標？ 預期目標： 實際數據：	□超過 □達成 □未達成 評分：	
資金循環比例 （1）	資金循環比例是否達到預期目標？ 預期目標： 實際數據：	□超過 □達成 □未達成 評分：	
自有資本比例 （2）	自有資本比率是否達到預期目標？ 預期目標： 實際數據：	□超過 □達成 □未達成 評分：	
營業總額成長率	營業總額成長率是否達到預期目標？ 預期目標： 實際數據：	□超過 □達成 □未達成 評分：	
每人平均營業 總額	每人平均營業總額是否達到預期目標？ 預期目標： 實際數據：	□超過 □達成 □未達成 評分：	
顧客人次成長率	顧客人次成長率是否達到預期目標？ 預期目標： 實際數據：	□超過 □達成 □未達成 評分：	
顧客平均消費額	顧客平均消費額是否達到預期目標？ 預期目標： 實際數據：	□超過 □達成 □未達成 評分：	

續表6　經營檢討年報表

薪資紅利占營業總額比例	薪資紅利占營業總額比例是否降低至預期目標？ 預期目標： 實際數據：	☐比例過高 ☐已降低 ☐降低許多 評分：	
每人平均生產力	每人平均生產力是否達到預期目標？ 預期目標： 實際數據：	☐比例過高 ☐已降低 ☐降低許多 評分：	
租金	租金占營業總術比例是否降低至預期目標？ 預期目標： 實際數據：	☐比例過高 ☐已降低 ☐降低許多 評分：	
宣傳廣告費	宣傳廣告費占總營業額比例是降低至預期目標？ 預期目標： 實際數據：	☐比例過高 ☐已降低 ☐降低許多 評份：	
年度計畫	年度目標計畫是否有效達成？ 達成程度如何？ 是否致力於達成之努力？	評分：	
價格	定價策略是否應適當地環境與目標消費群？ 價格是否偏高或偏低？	評分：	
服務品質	是否與顧客建立融洽之關係？ 是否充分滿足顧客需求？ 是否給顧客充分的美容指導與資訊？		
顧客管理	顧客紀錄是否井然有序？ 是否定期查核與追蹤？ 是否與顧客保持密切連繫？		
形象	與競爭店相比形象是否勝過對方？ 是否有效建立起口碑？		
顧告宣傳	廣告或宣傳單是否有效？ 是否達到促銷效果？		

總分：

評分範圍：+10～-10分，-10～-7分為表現極差，-6～-3分為不如預期，-2～2分為尚可，3～6分為表現不錯，7～10分為表現極佳。

說明：
（1）資金循環比例=營業淨利÷投資額，投資額數據請參見資產負債表。
（2）自有資本比例=投資額÷總資本，自有資本比例代表投資安定性，比例愈高風險愈低，總資本數據請參考資產負債表G項。

表7　經營分析表
年度：

	1月	2月	3月	4月	5月	6月	7月	8月	9月	10月	11月	12月
員工人數												
服務營業業績												
服務營業績成長率												
人員平均服務業績												
商品銷售業績												
銷售業績成長率												
人員平均銷售業績												
營業總額												
營業總額成長率												
人員平均業績總額												
顧客人次												
顧客數成長率												
顧客平均消費額												
營業毛利												
營業毛利成長率												
人員平均營業毛利												
營業總成本												
營業總成本占營業總額比率												
薪資紅利												
薪資紅利占營業額比例												
人員平均薪資												
人員平均生產力												
營業利益												
營業利益成長率												
人員平均營業利益												
營業淨利												
營業淨利成長率												

經營分析表用途：
1.用以分析每月營業額消長趨勢。
2.用以分析每月營業總成本與薪資成本消長趨勢。
3.用以分析每月員工生產力消長趨勢。
4.用以分析每月營業利益、淨利消長趨勢

經營分析表填寫方式：
1.員工人數：指營業店員工總數，以該年各月發放薪資人數來求取平均值。
2.營業服務業績：指該月營業服務營業總額。
3.服務業績成長率＝（該月營業服務業績－上月營業服務業績）÷上月營業服務業績。
4.每人平均服務業績＝營業服務業績÷員工人數。
5.商品銷售業績：指該年商品銷售營業總額。
6.銷售業績成長率＝（該月銷售業績－上月銷售業績）÷上月銷售業績。
7.每人平均銷售業績＝商品銷售業績÷員工人數。
8.營業總額：指該年包括營業收入與非營業收入的營業總額。
9.營業總額成長率＝（該月營業總額－上月營業總額）÷上月營業總額。
10.每人平均營業總額＝營業總數÷員工人數。
11.顧客人次：指該月至營業店消費的顧客人次。
12.顧客人次成長率＝（該月顧客人次－上月顧客人次）÷上月顧客人次。
13.顧客平均消費額＝（營業服務業績＋商品銷售業績）÷顧客人。
14.營業毛利成長率＝（該月營業毛利－上月營業毛利）÷上一年營業毛利。
15.每人平均營業毛利＝營利毛利÷員工人數。
16.營業總成本＝該月營業店經營所花費的成本總額，可從損益及成本分析年報表中取得數據。
17.營業總成本占營業總額比率＝營業總成本÷營業總額，計算出的數值有可能會超出100%，此及代表有虧損產生。
18.薪資紅利：該月發出的員工薪資紅利總金額。
19.薪資紅利占營業總額比例＝薪資紅利÷營業總額。
20.每人平均薪資＝薪資紅利÷員工人數。
21.每人平均生產力＝（每人平均服務業績＋每人平均銷售業績）。
22.每人平均薪資，此算式可計出每一元的薪資平均創造多少業績。
23.租金：該月租用營業場所所支付的租金費用。
24.宣傳廣告費：該年用於促銷的宣傳廣告費用。
25.營業淨利：可從損益及成本分析表中取得數據。
26.營業淨利成長率＝（該月營業利益－上月營業利益）÷上一年營業利益。
27.營業淨利比率＝營業淨利÷營業總額。
28.變化走向：成長者為╱，持平不變者為＝，衰退者為╲。

自我管理診斷的案例分析

圖3　雷達診斷圖是比較A店（位於熱鬧區商店街）與B店（位於一般商店街），兩店之比較分析，提供參考。

比較	A店（位於熱鬧區商店街）	B店（位於一般商店街）
優勢	1.立地條件較理想 2.店面形象不錯 3.設備較略具規模	1.立地條件普通，但同業競爭不多是頗具有利條件
劣勢	1.同業競爭較多 2.營業費用超支 3.參加技術研習不夠積極 4.利潤資金保留數少 5.每人營業額平均值不高 6.顧客人數增加率不高	1.固定顧客增加不多 2.店面設備不佳導致顧客不良印象。 3.業績成長率偏低。

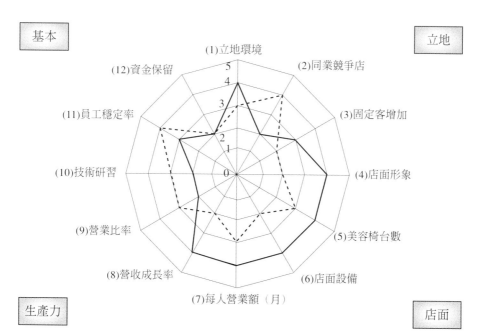

179

附錄

美容營業問與答智庫

員工管理問題類

〔問題1〕員工反應為何要加班？

解析：美容工作因屬服務業，本質即是以提供顧客最完美的服務，滿足顧客為最高宗旨。雖美容店每天的營業服務時間是有固定時段的，但顧客總有在非營業時段之外的配合需求，因此提早或延長時間加班來服務顧客，也是服務業本應滿足顧客需求的職責。而公司對於配合顧客時段需求的加班員工，除了誠心的感謝外，也在實質上給予加班津貼，這就是公司充分體恤員工的具體表現。同時配合加班輪值制度，來公平均等每位同仁在營業外時間加班的機會，也是公司賦於每位員工高度責任感，凝聚同仁向心力，共同為顧客創造極緻完美的服務口碑之良好美意。而唯有顧客感受並肯定我們完全配合時段要求的服務美意之後，顧客才會回饋以持續不斷的續購意願。如此對員工而言，也會是增加業務開發的絕佳機會。

〔問題2〕美容店為何要服務男性顧客？

解析：依美容行銷數據顯示，臉部護膚課程的購買需求，幾乎占了美容店服務的60%以上，而肌膚問題的困擾自然是不分男女都會有的。身為專業的美容師應以嚴謹的態度來看待男性顧客的臉部課程需求，這就跟男性婦產科醫師在看診時毫無聯想一樣，是專業的職責展現。因此當我們在處理

男性顧客的臉部課程時，不應有性別之分。只要我們掌握以下的服務須知，相信必然可以贏得男性顧客的絕對尊重。

1.與男性顧客的對話內容不脫離專業。

2.美容操作空間如為個人隔間式，房門不應關上。

3.進行臉部課程的操作，除了雙手必要的操作接觸外，注意身體與顧客保持一定距離，避免不必要的聯想。

4.當美容師在處理男性顧客的臉部課程時，身為主管應經常加以巡查留意，讓顧客正確理解我們純正的服務。

〔問題3〕公司為何要有考核？

解析：美容工作乃一專業技術性工作，其技能與專業知識皆需時間經驗來逐步累積。身為美容專業從業人員，必須建立起自己的專業感，才能在這行業裡出人頭地。因此公司制定許多考核制度，定期或不定期安排在職訓練、升等考核、技術考核，即在幫助同仁充實專業，讓同仁瞭解本身的專業程度與加強補強己身技能不足的地方。透過此嚴謹的專業評定方式，不但我們對顧客維持了一定水準的服務品質外，相對的也幫助了個人不斷向專業精進再精進。

〔問題4〕美容工作為何還需負責發DM傳單？

解析：美容店會請美容師利用服務空檔時間來進行DM傳單發放，其用意在於增加客源並為美容師帶來績效收益。雖然不論

美容店規模大小，一般均會有提撥廣告文宣費用，進行宣傳以幫助店裡增加客源。當然DM傳單發放也可委託外面的工讀生來做，但由美容師親自來發放與透過工讀生發放，兩者所帶來的效果有如天壤之別。如果我們試著從消費者的角度來看，由一位穿著代表專業的公司制服，臉上笑容可掬十分親切的將傳單發到妳手上，在妳有問題時還可即時提供專業的解說。這樣的顧客感受，與妳從呆板的報紙文宣中接受到夾帶的傳單訊息，或由工讀生單調少了親切感與專業感所發送DM傳單，兩者的感受與信賴感，妳會樂於接受何者？答案自然是由美容師手中接到的DM傳單，其回應效率必然較高。因此請美容師來負責DM傳單發送，其最終帶給美容師本身的業績絕對是正面的，因此身為美容師何樂而不為呢！

〔問題5〕在連鎖美容公司上班為什麼需要經常調動？

解析：太頻繁的調動會讓人難以適從，但適度的變動卻可以帶來更多的學習機會與刺激同事間互動的新鮮。當一個人在同一個工作環境待久了，很容易遇到工作瓶頸難以突破，而人際關係也會因彼此太熟悉了而出現問題。透過適時的調動，不但可以經由不同的人事物而有更多的學習機會，更可為停滯不前的自己帶來一個嶄新的開始。這難得的工作學習機會，讓妳在年資可以累積，又不必重新找工作的絕佳條件下，可以到不同的分店接觸不同地域屬性的顧客，並有跟多位主管學習各自的長處，如此的機會是何等幸運

185

啊！因此我們建議，身爲美容師，應趁年輕時多給自己一些拓展視野與人脈關係的機會。

〔問題6〕爲何事假不能在連續假期前後申請呢？

解析：以美容營業特性而言，通常在連續假期前後的顧客量會明顯增加。公司若准在連續假期前後的事假，不但會使服務同仁的調度失衡，同時也會影響對顧客的服務品質。因此爲求公平、公正、公開之人事制度，所以不准其連續假期前後的事假，是有其必要的。

〔問題7〕爲何需要回訪顧客？

解析：美容服務是包涵了專業諮詢、課程技術服務、及售後服務非常專精的服務工作。而通常美容店皆採預先收費制度，課程的保養效果如何，往往跟顧客是否有持續來店接受我們安排的課程有絕大的關係。因此身爲美容師，定期透過電話回訪提醒顧客按時回店保養，讓顧客感受到我們關心她的美麗，這也是屬於我們專業責任的一環。相信任誰都不願意花了錢卻感受不到保養的效果！唯有透過回訪來確保我們服務的效果口碑，才能留得住客人的心，爲公司爲自己爭取最大的行銷成就。

〔問題8〕連鎖美容公司的美容手法與技術爲何要統一制式化？

解析：對美容服務而言，顧客的保養成效是決定企業是否能永續經營的重要關鍵。公司要求所有課程操作手法與技術統一

制式化，用意在於讓每位同仁在服務眾多顧客中，人人皆可肩負起輪流管理的責任，使每個服務流程流暢化，以確保服務不斷層，服務高效率化。要達成如此流暢而有效的保養操作，需要統一制度化的操作流程來作管理。如此才可確保課程保養效果的發揮，而同仁間也可藉此培養出高度的互助合作性，以凝聚向心力。

〔問題9〕員工業績不佳時應如何有效管理？

解析：可藉由個人業績競賽或團體競賽的方式，來激勵員工重視榮譽感，讓每位員工感受到「業績」人人皆負有責任。以此由個人積極參與團隊的目標管理，最能激勵員工士氣，讓每位成員為團隊的榮耀與目標，全員動起來，如此將可大大改善低靡的業績狀況。

〔問題10〕當員工將客戶獨占己有、搶業績時應如何處理？

解析：因員工將客戶獨占己有，搶業績所導至的勾心鬥角現象，很容易侵蝕公司經營的根基，所導至的人事分裂也會直接影響到對顧客服務的品質。身為經營者必須加以防範。我們建議身為主管應以下列方法來預防員工將客戶獨占己有搶業績的情形。

1.服務顧客應採輪流管理的方式，讓員工掌握顧客的機會均等化，以防止員工帶走顧客或員工私下與顧客進行利益交換等不當情形發生。

187

2. 可針對較容易接受輪流服務的顧客安排輪流管理，而較不易接受輪流服務的顧客可待較適當時機再作調整。必要時可由店主管親自與顧客溝通。

3. 爲預防客戶指定特定人員服務的現象發生，應採美容手法與技術統一制式化的標準作業流程制度，以避免某些特定美容師因服務頻率過繁而減失應有的服務品質。

4. 美容手法與技術統一制式化的好處是，當原先服務這位顧客的員工休假時，其他美容師也可依顧客的療程卡記錄及以往的服務經驗，立即補位給予顧客與原先一致水準的服務，如此將可大大預防人員異動顧客也跟著流失的遺憾發生。

〔問題11〕員工因績效好而有恃無恐時應如何處理？

解析：防止員工過度自大，是一種平衡管理拿捏的藝術。對於表現比較好的，需要給予獎勵；表現差的，需要給予鼓勵。但當遇到表現傑出的員工卻藉此邀功予取予求時，可賦於對方更高標準的業績目標，或將業績達成的期間縮短來化解此一壓力。當然亦可藉由聚餐、團體活動讓這種個人績效轉化爲團體的績效，以帶動整體業績的成長。

〔問題12〕當員工與顧客起爭執時，應如何處理？

解析：當發現員工與美容師起爭執時，身爲主管應先制止員工，將之請到其他隔間（如店長室），千萬不可讓此爭端影響到現場的其他顧客。不論誰是誰非，都應由員工先向顧客道

歉。記住！顧客永遠是對的，先處理情緒，再處理問題。
若員工拒絕，應由主管先行代替員工道歉再進行後續了
解。遇此狀況，當店長可以在第一時間掌握狀況是最好不
過了。若不能即時化解，其後續的處理也應由該美容師的
直屬主管協調處理。另外在協調雙方的爭議點時，應力求
達到讓雙方誤會冰釋，以消弭顧客心中潛伏或由此延伸的
後續負面影響。作安撫調解時，應以和為貴，在爭議中找
出共同點，以拉近雙方立場的距離，再加以分析找到雙方
皆可接受的公平處理方式。當事件告一段落時，可將此案
例在晨會時作機會教育，讓員工知道下次再遇此狀況時該
如何應對，以防範因類似的服務爭執，而影響到公司的服
務聲譽。

〔問題13〕當員工為了迎合諂媚顧客，而私自延長服務時間時，
　　　　　怎麼辦？

解析：可透過顧客預約制的管理，在每日的晨會就預先作好每人服
　　　務進度的調配。並於現場督導時，適時提醒服務時間的掌
　　　握，以節制員工為了迎合諂媚顧客，而私自延長服務時間。
　　　對於違規者，應有適當的制度來作制約。並應透過溝通，讓
　　　員工瞭解如此將對個人與團隊工作造成不當的影響。

〔問題14〕員工太依賴店主管協助作業績，該如何處理？

解析：當你的員工太依賴你來協助作業績，就無法提升她個人的
　　　能力。身為主管者會變成老牛拖車，因而導至管理失衡。

當遇此現象發生時，店主管可以站在較客觀的立場，鼓勵她自我要求、自我成長。另外也可採取兩人一組的業績互助方式，透過各小組間的良性競爭來激勵業績，並提撥適度的店內公益金來作爲獎勵金。但若是由於個人能力的問題，則應由店主管耐心的作個別的輔導與培訓。

〔問題15〕當員工跟妳反應貪小便宜的「奧客」太多時，妳應如何處理？

解析：首先你必須給員工建立一個正確的行銷觀念，所有成交的顧客都是經過「奧客」這關才會成立的。當員工常會爲生意無法成交而歸究到全是碰到一群「奧客」所致，你就必須清楚這是人喜歡爲挫折找理由之故。明智之舉是將生意不能成交的失敗原因找出來：

1.顧客對課程效果的疑問。
2.顧客對課程期間的疑問。
3.顧客對我們服務技術的擔心。
4.顧客對課程安全感缺乏信心。
5.顧客對課程價格的問題。
6.顧客習慣性的喜歡貪小便宜。

當你找出生意不能成交的原因後，再針對失敗原因，研擬克服的方法，修正銷售話術及態度。並站在對方的立場想一想，或許當妳能將心比心之後，妳會找到更能打動顧客芳心的竅門，讓生意成交。

國家圖書館出版品預行編目

完美事業經營聖典：完美女人在美容業找到一
　　生的成就 / 完美主義經營團隊編著. --初版.
　　--臺北市 ：揚智文化，2002[民91]
　　冊 ： 公分. -- (美容叢書：8-9)
　　ISBN 957-818-460-3(上冊：精裝). - ISBN
　　　957-818-461-1(下冊：精裝)
　　1.美容業
　　489.12　　　　　　　　　　91019944

完美事業經營聖典—

完美女人在美容業找到一生的成就（上冊） 美容叢書9

編 著 者☞ 完美主義經營團隊
出 版 者☞ 揚智文化事業股份有限公司
發 行 人☞ 葉忠賢
總 編 輯☞ 林新倫
副總編輯☞ 賴筱彌
執行編輯☞ 黃美雯 林智玲
美術編輯☞ 黃威翔 李宏照
登 記 證☞ 局版北市業字第1117號
地　　　址☞ 台北市新生南路三段88號5樓之6
電　　　話☞ （02）23660309
傳　　　眞☞ （02）23660310
郵政劃撥☞ 14534976
帳　　　戶☞ 揚智文化事業股份有限公司
法律顧問☞ 北辰著作權事務所 蕭雄淋律師
印　　　刷☞ 鼎易印刷事業股份有限公司
初版一刷☞ 2002年12月
ＩＳＢＮ☞ 957-818-460-3
定　　　價☞ 新台幣500元
網　　　址☞ http://www.ycrc.com.tw
Ｅ-ｍａｉｌ☞ book3@ycrc.com.tw

完美主義美研館中國事業處總經理
林玉鈴
超過十四年以上的美容資歷
在美容各專業領域均有非常嫻熟獨到的才華
1995年與完美主義美容集團總經理趙瑞小姐
在台灣共同創立完美主義美研館
2002年派駐中國事業處
總攬完美主義在中國的經營事務

完美主義美研館管理處協理
洪琪美
投入美容業已有十二年資深資歷
縱跨營業、教學、加盟、行政管理
各領域
可幫助加盟店強化經營體質提高利潤

完美主義美研館展業處總監
范申樺
十二年資深美容資歷
精研於美容理論與技術實務
熟捻店務、人事領導、美容行銷
可提供加盟店對於展業的全方位諮詢
是完美主義台灣市場的經營核心

完美主義美研館教學部經理
王嘉甄
投身於美容教學領域有相當多年資歷
精研於皮膚生理、化妝品科學、
經絡療法、全方位美容技法等等
可提供加盟店最佳的教育諮詢支援

完美主義美研館營訓處協理
彭麗霖
十幾年以上的資深美容資歷
專精於美容的行銷企劃、顧客服務
與店務總攬，是位資深的美容全才
可提供加盟店最好的
客服Know-How以提升服務品質

完美主義美研館行政部副理
余欣燁
精研於企業經營管理
舉凡公司規章制度、人事庶務、
行政法規、財務管理
等等皆有非常資深的歷練
可提供加盟店在行政作業上最佳的諮詢

完美主義美研館業務部經理
何佩如
從知名美容連鎖機構轉戰完美主義
美容資歷超過十四年
非常專精於店務的帶動
擅長激勵員工的士氣
幫助加盟店創造高業績